ゆる〜く走って ゆる〜く痩せる！

ブラマヨ小杉の走れ！こすっちょ

ブラックマヨネーズ
小杉竜一

KADOKAWA

チーフ
マネージャー

BSよしもとが開局するので、企画書を出してもいいですか？
散歩番組にしようと思っています

小杉

ええやん
散歩番組楽しそうやなぁ

チーフ
マネージャー

企画が通りました！ たくさん散歩番組があるので**ランニング番組**にしておきました

小杉

えっ……!? 話、変わってるやん

チーフ
マネージャー

予算がないので、**1日8本撮り**になります

小杉

どんだけ走らなあかんねん!!

ディレクター

せっかくなので“みんなで痩せよう”というダイエット番組の性格も持たせたいと思ってます。小杉さん（こすっちょ）＝**110.8キロ**、小杉さんのマネージャー（やなっちょ）＝**110.2キロ**、ディレクターのボク（あらっちょ）＝99.2キロ、それにカメラマン（にしだっちょ）＝80キロの4人がメンバーです。番組名ですけど、候補として考えたのはコスギブートキャンプ、東京デブンジャーズ、コスゲームなどですが、どうでしょう？

小杉

パクリばっかりやん！

ディレクター

だったら**『走れ！こすっちょ』**はどうですか？

小杉

そらええな　小中高とずっと、こすっちょと呼ばれとったから

そんな感じで始まった番組でしたが、始まったあとも大変でした。

ディレクター

小杉さん、ランニング番組なのに**全然、走ってない**のがバレてきました

・
・
・

ディレクター

小杉さん、報告があります。番組が**ゴールデンに進出**することになりました！

小杉

評価されるんかぃ！
ほんでゴールデンって何時からの放送なん？

ディレクター

………何時からかは忘れました

小杉

なにしにきてん！

こんなことばかりです。

それでも『走れ!こすっちょ』は、なぜだかBSよしもとの看板番組になり、地上波でも放送されるまでになりました。

どうしてなのかは………謎です。ボクにもわかりません。

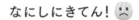

まえがき

「いくらなんでもブレすぎです。これだけ短期間に軌道修正を繰り返す番組は初めて見ました」

番組のファンだと公言してくれているベッキーにコメントをお願いして、このような指摘をいただいたことがあります。

ベッキーなんかはそんなところをおもしろがってくれているのかもしれませんが、ちょっと異常なほど方向性が定まらない番組なのは否定できないかも！

番組立ち上げ段階からそうでしたからね。

プロデューサー的な立場になる吉本興業の当時のチーフマネージャーからこう言われたのが始まりだったんです。

「ＢＳよしもとが開局するので、小杉さんの番組の企画書を出してもいいですか？　散歩番組にしようと思っています」

その次にはこう言われました。

「企画が通りました。でも師匠方の散歩番組もあるとお聞きしたので差別化も図ってランニング番組にしておきました」

「……（いや勝手に差別化すなよ！）」

そうなんです。前のページに書いたことは**すべて実話**なんです！

事後報告もええとこやん!!　って思ったのもつかのま

「予算がないので、1日８本撮りになります」

そう言われたときに笑ってしまいました。なんか未知すぎておもしろそうかなと思ってしまった自分を殴ってやりたいです。**朝から晩までロケ**することになるので、2か月分の放送のうち1回か2回は、暗すぎる漆黒の中で撮影した回になるんです。

放送が始まってからも、ランニング情報番組としてのカラーを強めようとしたかと思えば、すぐに街歩き番組のようになったり……。節操なく番組のカラーを変え続けています。

はじめの頃「ダイエット番組の性格も持たせるようにします」とも言ってましたけど、どこまで本気だったのか……。

番組開始時点で110キロだったボクの体重は、**118キロ**にまでなりました。

これはボクのせいなのか番組のシステムのせいなのか、この日記を読んでみなさんがはっきり決めてください！

半笑いでいろいろと要求するスタッフ、それにブチぎれて反抗するボク、とんでもない番組と思われるかもしれませんが、なぜだかこの番組が嫌いにはなりません。どっちかというと好きかもしれません。「どこが？」って聞かれると困りますけど（笑）、今後も長く続けていきたい気持ちもあります。

そんなボクの想いに共感してもらえたらいいなと思って、**すべてを包み隠さず書きました。**

「ギリギリの恥部まで見せすぎてしまったかな」という怖さはありますが、ボクたちが歩んできた2年間の大切な記録です。

ブラックマヨネーズ　**小杉竜一**

ブラマヨ小杉の
走れ！
こすっちょ
KOSU
ヒ～ハ～！

contents

ゆる〜く走って ゆる〜く痩せる!

ブラマヨ小杉の走れ!こすっちょ

KOSUCCHO
Dance

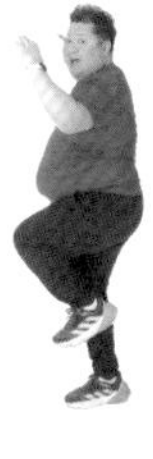

INTRODUCE THE TV PROGRAM

手作り感満載の番組の中で大バトル

「ランニング番組といいながら全然走ってないじゃないですか！」

　番組が始まってしばらくすると、そんな声が聞かれるようになってきました。

　もともとボクはフルマラソンを完走したこともあり（5時間40分、3万人中9000番台）、走るのは好きだったんです。だけど、ある時からピタリとプライベートで走らなくなりました。不意に何があったかなと考えたら、この番組が始まったということしかなかったのです……。

　たとえば、ほとんど共演者のように番組に出ているディレクターのあらっちょというオトコがいます。プロデューサー（当時のチーフマネージャー）が「ぜひスタッフに入れたい」って言ってきた人間ですが、以前に仕事をした印象からいえば、トラブルメーカーなタイプの制作スタッフでした。こっちの寝顔を撮るはずの泊まりのロケで、先に眠ってしまっていたり……。とはいえ、それから時間は経っています。力をつけてきたのかなと思っていたら、ほとんど変わっていなかった。

というよりも、想像を超えたアンビリバボーなことばかり、やらかしてくれるんです。だからロケ中もつい「ナニしてんねん！」と声を荒らげることが増えてしまいます。そういう場面もいっさい隠さず、ありのままを放送しているのがこの番組です。

走る走らない以前の問題として、心が疲れます……。

もうひとりの“問題ボーイ”は、途中で辞めてしまいましたけど、マネージャーをやっていたやなっちょです。

やっぱりプロデューサーが「使ってみたい」と言ってきた逸材です。その段階でボクはやなっちょのことをよく知らなかったんですけど、東大卒で朴訥としていて、バラエティ向きではない印象でした。

「本人も嫌がるやろうし、自分が番組に出るようなタイプではないやろ」と言ったら「でも、本人に確認したら即答でやると言っていました」。そんなやつやったんかい！　ということでとてもやる気のある子だったのでメンバーに入れました。

いざ番組が始まってみれば、食い気味なほど自分を打ち出してきたんだから驚きました。意識的にやっている部分もあったけど、意識しないでやっていて、周りを凍りつかせることも多かっ

KOSUCCHO
Dance

た。人は見た目でわからない、ということを教えてくれたクールガイです。

　この番組のもうひとつの特徴はお金がないことです。

　フツーの番組は、企画を考えて演出をする制作班と、カメラを回したり録音をしたりする技術班がいるものなのに、この番組には技術班の人間がいないんです。

　立ち上げ段階においてはカメラマンだけはいました。それも「一緒にダイエットしよう」というメンバーのひとりで、にしだっちょというコードネームが付けられていた人間です。にもかかわらず、経費の関係で何の説明もなくフェイドアウトさせたんですからね。そのため制作班のみんなが見よう見まねでカメラを回したりしながらやっていくことになりました。

　手作り感満載の番組なんです。

　編集作業にしても、スタッフそれぞれに好き勝手やってます。

　彼らにとってのボクは、都合のいい食材みたいなものなのかもしれません。頭のてっぺんからつま先まで余さず食べようとするうえ、ダシまで取って、すすっている感じです。

　食べられ方、完全にブタさんやん！

　と、ひとりノリツッコミしそうになるほどの容赦のなさです。

　そこまでやっているからこそ成り立つ８本撮りなんですよ。

ただ、そんなみんなにしても番組愛みたいなものはあるのかもしれません。こっちもある意味、持ち出しになってますけど、スタッフのみんなも労働時間とかを考えずにいてくれてますから。ハタから見れば超ハードな学園祭みたいなものだとしても、ボクたちなりにスクラムを組みながらやっています。

仲間意識が出てきたとは言いたくないけど、1回のロケで12時間一緒にいますからね。いつのまにかトムとジェリーのような関係になってきたのかも!?

ランニング番組なのかホームコメディなのか、あるいは、にんげんドキュメントなのか。なんともネームレスなやんちゃな番組です。

番組DATA

ブラマヨ小杉の「走れ！こすっちょ」

BSよしもとのランニング番組。さまざまな街を軽快に駆け抜けながら（？）、ランニングや街の魅力をお伝えしている。

X（旧ツイッター）やTikTokなどのSNSからも関連企画を発信。
「kosuccho-official」で検索！
開始当初は深夜放送だったのに、第29回からは毎週火曜日21時から放送のゴールデンタイムとなり、2024年7月からは毎週火曜日20時30分からの放送と、さらに出世！ テレビ大阪、テレビ愛知、広島テレビなどでも放送。

KOSUCCHO
DANCE

HASHiRE STA

ブラマ

あらっちょ

毎回、ポンコツぶりを発揮している、あらっちょ。本人の個人的な事情（＝転職）により正規のスタッフではなくなりながら、ノーギャラで番組制作に参加しているという噂もある。「番組愛」のかたまり!?

やなっちょ

今はもういない初代マネージャーのやなっちょ。一見、地味タイプのようでいながら異常なほど自我が強い。退社後はイギリスに渡り、『スタンドアップ・コメディ』の舞台にも立ったんだとか

わたなべっちょ

番組には登場しないが、あらっちょとやなっちょを“キャスティング”したプロデューサー（当時のチーフマネージャー）。コードネームは、わたなべっちょ

オータケさん

お金を使いすぎると怒りだす、制作会社のオータケ社長。経費削減のため「ロケ車廃止」という荒業を繰り出したあとには、奥さんが運転する家の車でスタッフ・機材を移動させたことも。「家族経営の鑑」？

OSUCCHO

FF!!

い杉の

!

ちょ

のぐっちょ

こすっちょいわく、「いちばんの問題児」。ロケにツーリング気分でバイクでやってきたこともある“元ヤン”のぐっちょ。……こすっちょを困らせるほど、変な恋愛相談をしてくることもあるのだとか

むらっちょ

ロケの前日に遊びすぎて、歩けないほど足を腫らしてやってきたこともある、むらっちょ。本番中、カメラを回しながらスマホをいじり、マッチングアプリで知り合った子と連絡を取っていることもある

かねだっちょ

こすっちょがボルダリングに挑戦して全然できずにいたとき、これ見よがしにスイスイ登って運動神経を自慢した、かねだっちょ。「嫌なヤツに見えるのではないか」と考えて、そのシーンは自分でカットしたらしい

今はもういない……ふくやっちょ。スタッフは基本的に動きやすくて汚れてもいいような服を着ているものなのに、フリフリレースがついた前衛的なファッションでいることが多かった。「我が道を行ってた人」

ふくやっちょ

KOSUCCHO
Dance

KOSUCCHO DIARY

創成期

迷走の始まり

KOSUCCHO
Dance

＃01

DATE:
2022.03.21

記念すべきロケ初日から大波乱の前兆が……？

STORY

この日、番組が始まりました。こすっちょが気持ち良く隅田川沿いを走るところからスタートしたものの、なぜかすぐにストップ！ 番組の成り立ちを紹介して、ダイエットする４人の体重を測定しました。なんと４人で400キロでした!!

KOSUCCHO DIARY

「お金がない」ということは最初から聞いてたんです。どれだけ貧乏所帯なのかと心配しながら撮影現場に行ってみると、地上波でも使わないようなロングのロケ車が来てたのだから驚きました！

　放送されない部分の話ですけど、スタッフの数も多かったうえに六本木の筋肉食堂の弁当を大量に買い込んでいたんです。高タンパク低カロリーを売りにしている、安くはないものですね。だけど、それを食べているところは放送しませんから。お金をかけるところが間違ってるんやないか！　どこにお金かけてるねん！　と、まず心配になりました。

「これ、大丈夫なん!?」って思っていたら、やっぱりあらっちょの計算が甘かったみたいです。あとで聞いたら、採算がまったく合わなかったらしく、この後の異常な経費削減につながっていきます。

　スタッフのあいだでは内紛らしきものが起きることにもなっていくんですけど、最初からそれだけのことをやってくれるのが**“あらっちょクオリティ”**です。今後に波乱が待ち受けていそうな初回放送でした！

ボクと小杉さんの体重がほぼ同じことには驚きました。どちらも110キロなんです

◎初代マネージャー　やなっちょ

KOSUCCHO DANCE

#02

DATE:
2022.03.27

TikTokの迷走を止めてくれたのはあの人

『走れ！こすっちょ』では、番組開始当初からTikTokも配信！ 本編の撮影時間を割いてまでがんばり、軽快なダンスを見せられるようになったんだけど……、最初のうちは試行錯誤の連続で、おかしな動画も出していたんです。

STORY

KOSUCCHO DIARY

　TikTokのために、吉本興業本社の中庭でタコ焼きを食べているところを撮っていたこともありました。**TikTokのことをよくわかっていないオトコたち**が集まり、「何をすればいいのか？」と頭をひねっていた迷走期ですね。今考えれば、見当違いもはなはだしいことですが、何かを食べているところを遠目で見ている映像を作ったら、おもろいんやないかって話になっていたんです。

　そこにたまたま通りかかったのがフジモンさんでした。

「ナニしてんの？ この寒空の下で」

「TikTokの撮影です」

「TikTok？ おまえがタコ焼きを食ってるとこを誰が見んねん。だいたい、おまえ、TikTokがナニかをわかってんのか！ そんな撮影はやめて、TikTokを見るところから始めなさい!!」

　……もっともなご意見をいただきました。その様子がおもしろかったからか、この回はけっこう回ったんです。結果的にフジモンさんはボクらの迷走を止めてくれたんです。

人を止めることは得意なフジモトさん（笑）

◎ブラマヨ小杉 こすっちょ

KOSUCCHO Dance

#03

DATE:
2022.03.28

えっ!? ランニング後に体重が増えている

STORY

仕切り直しのようにアスリートゲストが登場！ひとりは吉本興業初の“マラソン芸人”宇野けんたろうで、もうひとりは箱根駅伝を走った経験もあるプロトレーナーの富岡悠平さんでした。はたして、ついていけるのか!?

KOSUCCHO DIARY

　事件が起きた回ですね。ランニング番組らしく富岡さんにランニングフォームを指導してもらって走ったあと、あらためて体重測定をしてみると……。撮影開始前に比べて200グラム増えていたんです！**「オレって息を吸うだけでも太るタイプなの!?」**とビックリしました。ただ、そうはいっても体重計を置く場所は砂利の上だったりフニャフニャの場所だったりまちまちで、数字は安定しません。正直いえば200グラムくらいは誤差の範囲になるんだろうと思います。

　この頃、番組の最初と最後に400キロメンバー４人の体重を測っていましたが、８本撮りなら**同じ日に16回測定**していることになるわけです。誤差測定のために30分番組のなかで少なからぬ時間を費やすのはムダだろうってことで、そのうち体重測定はなくなりました。そりゃそうやろ！

　ゲストの富岡さんはいい人で、ランニングフォームを直してもらえたのもありがたかった。宇野けんたろうはどうだったかといえば……。ボクが大阪マラソンで記録した自慢のタイム５時間40分を「それだったら出ないほうがいいです！」と返してきました。塩対応にもほどがあります。彼はすごいアスリートで、宮川大助・花子師匠にかわいがられている好青年なんですよ。師匠たちのファミリー愛はものすごく深いものなんですが……、**宇野けんたろうの愛は、なぜだか少しイタイものでした（笑）。**

KOSUCCHO Dance

#04

DATE:
2022.04.11

買い物代は自分持ち!?「BSよしもとなので」

STORY

第3回、第4回放送では初めてのお店ロケを敢行しました。訪れたのは荒川土手近くのショッピングモールにある巨大スポーツショップ！ あらかじめ予定されていたことなのに、番組スタッフは道も覚えていません。いったいどうしてなの？

KOSUCCHO DIARY

事前にアポを取ってる店に行くのに道を間違いまくるんですからユニークすぎるロケ隊です。ようやく店に着いたと思えば、次に驚いたのはリアクションの悪さでした。ボクがすべっても少しもカバーしてくれない。笑って盛り上げようという気概なし、たまたま居合わせた人のような顔でロケを見つめる、それがこの番組のスタッフ一同です。

ランニングシューズを買おうと決めたあと、やなっちょが差し出してきたのは**ボクの財布**でした。「ＴＢＳはシューズをプレゼントしてくれたぞ」と言うと、「ＢＳよしもとなので」と返されました。そんなこと胸を張って言わんといてくれよ！

会計のとき、**「袋はどうしましょうか？」**、「いらないです」と断ったら、「袋代だけ番組で出しましょうか」と言ってきたのがあらっちょでした。袋代だけで小杉におごってやった感を出そうとしているんです。

番組のギャラがいくらなのかも聞いてなかったので、ロケをやるほど赤字になるのではないかと心配にもなりました。

ここだけの話、**今やっている仕事の中でいちばんギャラが安いという事実**はこの後に判明しています。

袋代は5円でしたが、結局、
小杉さんに出していただきました

◎ディレクター あらっちょ

KOSUCCHO
Dance

#05

DATE:
2022.04.18

以前に住んでいた白金台でまさかのロケNG

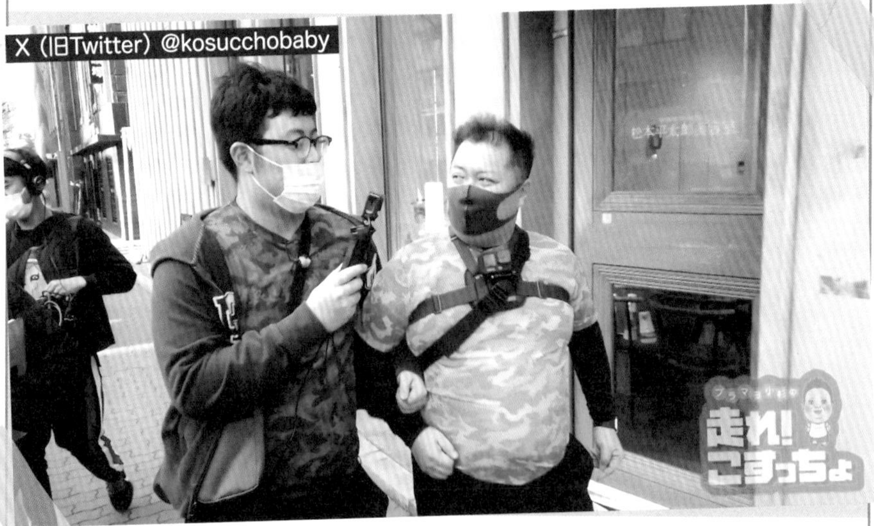

STORY

こすっちょが東京で初めて暮らした街、白金台でロケを決行！ 白金台といえば「シロガネーゼ」が思い浮かぶ高級住宅街だけど、こすっちょとしては“縁がある街”と感じていたみたい。そう聞くと、結びつきは強そうなんだけど……。

KOSUCCHO DIARY

東京で住む部屋を探していて、不動産屋さんに連れられて白金台の部屋を見に行ったとき、大阪にいた頃の番組ロケで来ことがある街だと思い出したんです。結局、そこに決めて4、5年暮らしたのでずいぶんなじみました。**港区男子になったきっかけの街**です。

このロケでは、住んでいた当時、気になりながらも行けずにいた店を訪ねて取材交渉してみたんですが、まさかのNG！**「交渉の様子も放送しないでほしい」**と言われて“元住民”としては恥ずかしい結果に。**「尺が足りなくなった」**と責められるハメにもなったんです。

でもね、あとから考えてみると、思い出の店は他にもあったんです。東野幸治さんや木村祐一さんも来たことがあると教えてくれたマスターのいる、よく通っていた喫茶店とかね。そういう店でロケをしようとなぜ提案しなかったのか……。

X（旧Twitter）@kosucchobaby

港区男子を気取ろうとしすぎていたのかも!?

KOSUCCHO Dance

小杉さんがよく女の人を口説いていたというプラネタリウムバーでは、ボクが女性役を務めて再現フィルムを撮りました

◎初代マネージャー やなっちょ

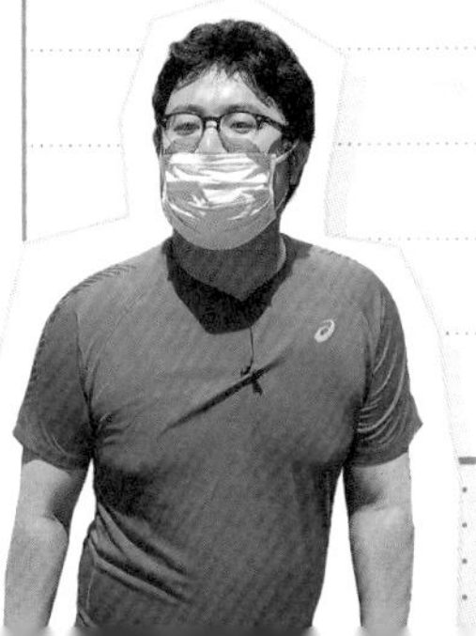

#06

Date:
2022.05.02

なぜオレはここで弁当を食べているんだろう……

STORY

白金台に住む前のこすっちょは六本木のホテルに泊まることが多くて、年間100泊したこともあるんだとか。M-1グランプリ優勝後の超ハードな時期で、遊ぶ暇もなかったようだけど、“思い出の地”でロケをしました！

初回ロケでは、この六本木編までを1日で撮りました。ロケを始めてすぐに**「夕焼け小焼け」のチャイム**が鳴りだして、あたりが暗くなっていったのを覚えています。

六本木に泊まっていた当時は、ホテルに戻ってくるのが夜中の1時や2時で、翌朝6時に出発なんてことも少なくなかった。ほんとに忙しかったので、相方の吉田なんかは壊れかけていました。

泊まっていたのは**もっぱらホテルアイビス**でした。『アメトーーク！』でもアイビス芸人の回があるほど思い出の宿だったのですが、閉館となっていました。そこには初めて見る新しいホテルができていたんです。

なぜかあらっちょがそのホテルでロケができないかと交渉に行くと、結果はまさかのOK。東京タワーがよく見える部屋に入れてもらい、昔よく食べていた松屋(改装されていて店は初めて見る内装)のカルビ焼肉弁当を食べたんです。

番組では感動しているように話していました。よく考えたら思い出もナニもない泊まったことのない部屋ですからね。ホテルアイビスにはなかった窓から見えるのは懐かしい景色ではなく“新しい景色”でした。今考えれば**「オレは今、ナニをしてるんかな!?」**と思いながら弁当を食べていました。ある意味、シュールな回です。

KOSUCCHO Dance

#07

DATE:
2022.05.09

NHK BS『ランスマ倶楽部』と奇跡のコラボが実現！

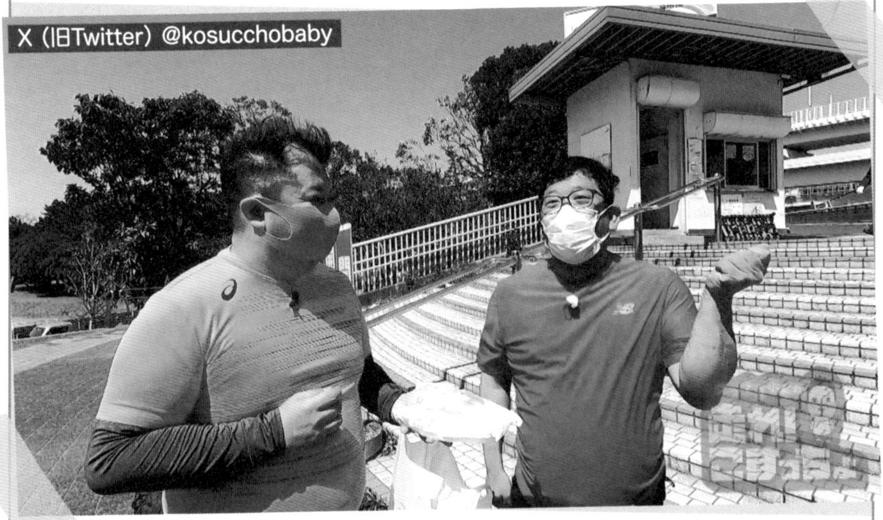
X（旧Twitter）@kosucchobaby

STORY

この回ではなんと、NHK BSの『ランスマ倶楽部』とのコラボが実現！ メーカーに提供していただいたウェアで身を固め、番組特製マスクを着用!! ランニング番組らしく、芝浦からお台場までを走り抜けました。

KOSUCCHO DIARY

初回放送があって間もない時期にコラボの申し入れがあったと聞きましたから、ランスマ側ではうちの番組がどういうものなのかを理解していなかったのかもしれません。その後の放送を見ていたら、**一緒にやろうなんて発想は生まれなかった**はずです。

ロケの序盤、うちのチームの走りが遅すぎて、**ランスマチームは全員歩いてました**。こっちは走っているつもりだったけど、スピード的には徒歩と変わらなかったということなんでしょうね。

ただ、この頃のボクはまだそれなりに走れていたので、レインボーブリッジを走ったときにはランスマのチャンカワイのほうが息切れしていて、「小杉さんの本気を見ました！」とか言ってました。その後、別のところで会って「ランニングのすばらしさがわかってきました」みたいな話をされたときは、こっちがきょとんとしてしまったんですけどね。チャンがランスマでランニング愛を育んでいた一方、ボクのほうでは**ランニング愛がむしばまれていたのかも!?**

行く先々でTikTokの撮影もしていて、「1日40本撮るのがノルマ」と説明したら、ランスマ側はドン引きしてました

◎ディレクター　あらっちょ

KOSUCCHO
Dance

#08

DATE:
2022.06.06

ランニング番組なのにロケ車の中から放送スタート!?

STORY

亀有ロケの回ですが、このとき番組は移動中のロケ車からスタートしました。いったいどうして？ ……それだけ時間が押していたからなんだけど、さすがにこすっちょも「それでいいのか！」とオカンムリに!?

ロケ車の中で番組スタート。やなっちょに「もっとワクワクしている感じで走ってほしい」と軽く怒られるこすっちょ……。

「どんな始まりかたやねん！」

ランニング番組でありながら車内映像というのはひどいし、ロケ車に自転車を積んでいるのがしっかり映り込んでいたんです。こんな映像を見せてしまえば、カメラが回っていないところでは、自転車移動してるのではないかと誤解されかねないじゃないですか！ っていうかなんでオレが怒られなあかんねん！

亀有では足腰の健康にご利益があるという亀有香取神社に行きましたが、神主さんがすごくごっつい体をしていたのが印象的でした。もともとアメフトをやっていたというゴッドサプライズです。

亀有香取神社では、「誰が賽銭を出すのか」という小銭の話でまたモメました。この頃、ボクは、こういうお金の話のやり取りは、一種のプロレスのようなものだと思ってたんですけど……。**そうじゃなかったと知るのは少しあとの話**です。

KOSUCCHO Dance

#09

DATE:
2022.06.20

東大卒のやなっちょ、本郷に思い出はナシ？

STORY

東大出身のやなっちょが学生時代を過ごした思い出の本郷をランニング！ すっかり暗くなったあとのロケだったけど、何かが変!? やなっちょは案内係という役割を忘れたようにひたすら黙々と走り続けていたんです……。

KOSUCCHO DIARY

「この街のことは全部知り尽くしているといっても過言じゃないです」と言うやなっちょが、何の情報出しもしないまま凄い速さで逃げるように走ってたんです。ようやくつかまえて、赤門のところで引き出した話で「ここからこっちが理系エリアで、あっちが文系エリアと生活圏が分かれているんです」と説明していたところ、道で会った東大生に確認してみると**「逆じゃないですか」**とツッコまれていました。結果的におもしろかったからいいけどめちゃくちゃです。ロケの終盤「友達がいなかったのでラーメン食べた思い出しかありません」と白状しました。やなっちょにとっての本郷はただの通学路であり、大学への行き帰りに空腹を満たす店がある場所でしかなかったんです。

やなっちょの場合、**ウケ狙いやボケなどではなく、すべてマジなんです**。ある店の前で「ここはどうなん？」と聞いたら、中にも聞こえるぐらいの声で「全然おいしくないです」って答えましたから。当然ながら**放送はできなかった場面**です。

全員が凍りつき、逃げるようにそこから離れていきました。過去イチでスピードが上がったのがこのときでした。

大学では5年間、相撲をしてました。朝青龍の甥っ子に勝ったことが自慢です（15歳vs22歳の対決でしたが）

◎初代マネージャー やなっちょ

KOSUCCHO Dance

#10

DATE:
2022.06.27

本郷から根津方面へ いよいよ最低ぶりを全開!?

STORY

やなっちょ思い出の街めぐりの後半戦として、本郷から根津方面へランニング！ やなっちょは根津に住んでいたそうなので、今度はいい話が聞けるかと期待されたんだけど……、実際は最悪の展開に!?

KOSUCCHO DIARY

夜もふけたなかを走り続けていると、思い出したようにあらっちょが、番組を応援してくれている企業さんから提供していただいた「扇風機付きポーチ」を出してきたんです。暑さ対策にいいはずですと言われましたが、着けてみると体は冷えていきました……。それもそのはず！ まだ暑くない季節の**冷えてきた時間帯でしたから**。

思い出したようにもなにも忘れていただけです。さすがにそのまま着けているのはキツかった。「夏に使わせてもらいましょう」となりました。そりゃそうやろ！

やなっちょはやなっちょで、キテレツな人間性をさらけだしていました。思い出話を聞くと、マンションのトイレではずっとおしっこをこぼしていたので床が腐ってしまったとか、**放送にたえない汚い話ばかり**（放送しましたけどね）。

ようやく初めて女のコとデートすることになったとき、「人生初のコンタクトレンズを作った」という初のトーク盛り上がりムードだったのに、どんなところが好きだったかと尋ねると、こう答えたんです。「中身が好きとかじゃなくて、**彼女が欲しかっただけ**なんです。だからなのか、３か月ほどで別れました」

なにこの話！　おもしろいでしょみたいなトーンで話しかけてこんといて。これまでいろんな人とロケしてきましたが、これだけ引かされたのは初めてだよ！

KOSUCCHO Dance

KOSUCCHO DIARY

リニューアル期

挫折の時代

KOSUCCHO
Dance

#11

DATE:
2022.07.04

いつ変わるんですか? 今でしょ! の新丸子ロケ

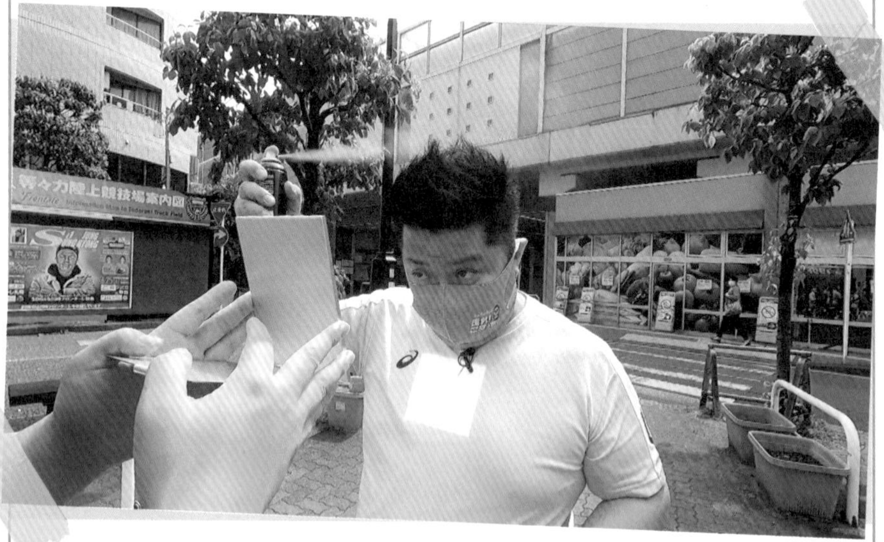

STORY

番組リニューアル回ですが、何が変わったのかと聞かれると……、はたしてどうなのでしょうか? とにかくこれまでよりもランニング番組らしくしていこうということで、「生まれ変わります」という宣言だけはしました!!

KOSUCCHO DIARY

有吉弘行さんやベッキーが番組を観てるよと声をかけてくれたが**「ほとんど走ってないじゃない」**というクレームみたいな声かけで、それが視聴者にもバレてきたのがこの頃です。体重測定もなくなっていましたし、なぜか番組を始めた頃より太ってしまっていました。そういうこともあってリニューアルするはずが、オープニングで何をしたかといえば、協賛してもらっている、**増毛スプレー、テーピング、ランニングウェアの撮影**。番組の半分をその時間に費やしました。リアルランニング番組に変わるはずが、資本主義に飲み込まれてしまいました。

ようやくロケを始めようと思い、あらっちょに「この新丸子って何市ですか？」と聞くと「市まではわかりません」って……。

リニューアルのひとつとして「街の人たちのお話を聞く」というテーマもあったので街の人に話しかけると、「人に話しかけてばかりで止まりすぎです」と注意されました。その後しばらく無言で走ったボクは大人気なかったんでしょうか？

この回からボクが参加することになりました。この番組の全権を握ることになります（ウソですが）

◎演出 のぐっちょ

KOSUCCHO DANCE

#12

DATE:
2022.07.11

リニューアルをする意志だけはあったんです！

STORY

前回放送ではどこがリニューアルされたのかがわかりにくかったかもしれないけれど、一応、“変わる意志”だけはあったんです！ 走ったコースにネーミングをしたり、放送中の走行距離を画面に表示したり……。

KOSUCCHO DIARY

　この回では新丸子編の続きとして多摩川沿いを走りました。以前にはこのあたりに読売ジャイアンツの二軍グラウンドがあったことを教えてもらい、聖地巡礼にもなりました。

　実をいうとボクは**巨人ファン**なんです。そのためここは「多摩川ランニング魂は永遠に不滅ですコース」と命名しました。要するにこのネーミングは**大喜利のようなもの**だったんです。

　変わろうとしていたのはわかりますけど……、コースのネーミングもして走行距離の表示もしましたがネーミングとかつけるわりに距離短すぎるねん！ **2回しか角曲がってへん**やないか！ 背伸びしすぎやろ！

　でもこのコースにはランニングステーションもあって、シャワーを浴びたりもできました。ランニングファンにはおススメです！

シャワー後に食べた「ようかん入りミルクキャンディー」が最高でした!

◎ブラマヨ小杉 こすっちょ

KOSUCCHO Dance

#13

Date:
2022.07.18

走る楽しさを教わりながら走るのがイヤになった日…？

STORY

“本格的ランニング番組” として、サブスリー＝フルマラソン3時間切りのツワモノが揃う「多摩川クラブ」の皆さんをゲストに迎えました！このときはなんと、番組史上最長距離（!!!）を走ることになったんだけど……。

KOSUCCHO DIARY

この回はある意味忘れられない回となりました。

8本撮りの真ん中あたりのロケで、番組史上最長距離ランニングロケをすることになってしまいました。なぜそうなったか。ボクたちの到着が遅れてしまったのにもかかわらず、多摩川クラブの皆さんはやる気マンマン、ずっと準備運動をしている。ついにはキラキラした目で「さあ、小杉さん、走りましょう」「信じてます！」と言われたら走るしかないでしょう。

多摩川クラブの皆さんはすごくやさしくて、とてつもなくアツい人たちだったんです。ボクに気をつかってくれたし、「小杉さんが楽しくやれるペースで走りましょう」と励ましてくれて、クラブのオリジナルTシャツもプレゼントしてくださいました。そのTシャツは今も大事に持っていますよ。本当にありがとうございました。

一方でスタッフに対しては**「この人らマジか」**と思いましたね。ロケ中盤にこんな激アツメンバーたちと走れば1日分のエネルギーを使い果たしてしまうのはわかりきっている。ここのスタッフは体力マネジメント能力ゼロです（笑）。

多摩川クラブの人たちはボクに走る楽しさを教えてくれようとしたのに、うちのスタッフが入ることで走ることから気持ちが離れてしまうという**昔話みたいな回**になりました。

KOSUCCHO
Dance

#14

DATE:
2022.08.15

こすっちょ、走るのをやめたってよ

STORY

他の番組の撮影を終えたこすっちょがスタジオから出てきたとき、外で待ち構えていたのがあらっちょでした。こすっちょは気づかないフリをして、素通り……。もしかして、こすっちょとあらっちょのあいだに亀裂が入ったの!?

KOSUCCHO DIARY

　このときは口にしてはいけないことを言ってしまった気がします。あらっちょに「仕事終わりによく走ってると聞いたんで、来てみました」と言われて、こう返してしまったんです。
「プライベートでは走らなくなりましたよ。**あなたと仕事をするようになって、ランニングの楽しみが消えたんです**」って！
　それでも無理やりランニングウェアに着替えさせられ、雨の祖師ヶ谷大蔵でランニングロケをすることになると、そんな言葉を口にした自分が嫌になる出会いがありました。ふと見つけた麺屋のオーナーです。「地域のため」を考えて、店内にバリアフリーのトイレを作っている神様のような人だったんです。**人柄にうたれて、ついウルトラしょうゆラーメンを食べました**。これを完食したあと、走りだしましたが、そんなランニング番組は他にないはず！ 胃の中にボウリングの球でも入ってるんちゃうかってくらい重かった……。
　そのあと、商店街のプライベートサウナに入れたのはよかったですけどね。「オレ、韓国のヤクザみたいになってるやん」と口にして、その言葉を放送できるかと心配しましたが、結局使ってくれていたんです。あの頃、風呂場でヤクザが殺される映画を見ていて自分でも気に入っていたセリフだったから**スタッフとの信頼関係が少し取り戻せた**気がしました。

KOSUCCHO
Dance

#15

Date:
2022.08.22

やなっちょがリタイア!? 突然の渡英宣言

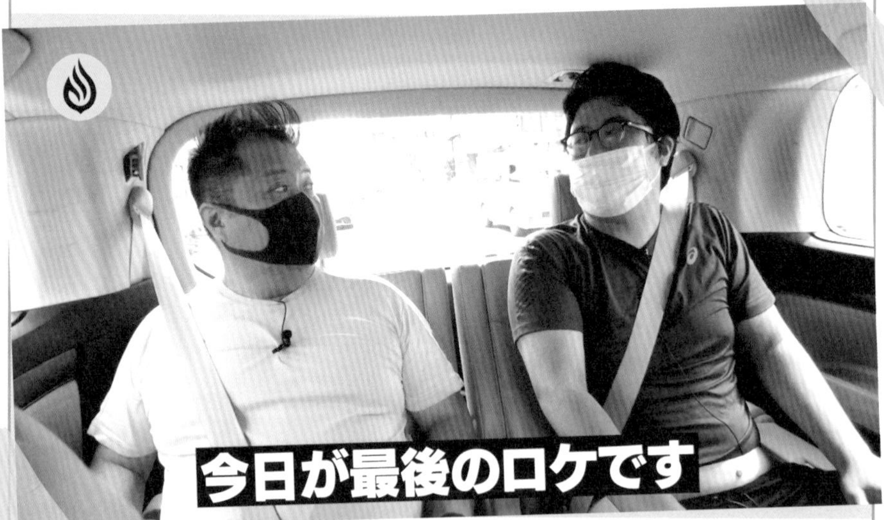

STORY

都内某所から番組は始まり、予想もしなかった展開に……！「やなっちょから話があるそうです」と、あらっちょが切り出すと、こすっちょも動揺!!「最大のピンチが来たか？」と、番組終了を覚悟したみたいだったけど……。

KOSUCCHO DIARY

このときは驚きましたね。何の話かと身構えたら、やなっちょがいきなり**「会社を辞めることになりました」**と言いだしたんです。いつ辞めるのかと聞くと「8月中旬」と返されましたが、このロケが8月8日だったんです。いや、もうすぐ中旬やないか！

会社を辞める理由が「奥さん（当時）がイギリス留学に行くことになったのでついていくことにした」なんです。実家のお母さんからは「それじゃヒモじゃない！」と言われたそうですけど、本人は何も言い返さずじっと耐えたそうです。彼の心はすでにロンドンで勝負するSAMURAIだったのです。現地のイギリス人に相撲を教えたり、とにかく明るい安村のアテンドをしたり、なんやかんやあってイギリスで「スタンドアップ・コメディ」にまで出たみたいです。**どんな結末やねん！**

KOSUCCHO Dance

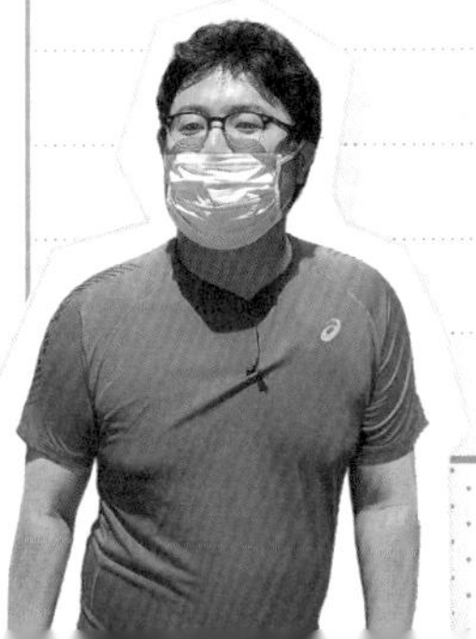

この回ではボクの通勤ルートの新宿を走ったんです。愛犬のとんすけも特別出演させました

◎初代マネージャー やなっちょ

#16

DATE:
2022.08.29

やなっちょが大暴走!?
勝手にオーディションを開催

STORY

こすっちょとやなっちょが新宿ラストラン！ 吉本東京本社にゴールすると、やなっちょが用意していたのはなんと「2代目やなっちょオーディション」だったのだからビックリ!! やなっちょの暴走、ここに極まれり!?

KOSUCCHO DIARY

ボクのことをどう思っていたかをやなっちょに聞くと、「愛情にあふれた人だけど優柔不断？（仕事をしていて、**早く決めろ！**と思うこともある）な面もある」と言いました。そんなふうに思っとったんかい！

勝手に主催していた「２代目やなっちょオーディション」では、参加者どころか司会者まで用意している**好き放題**でした。参加者をよく見てみれば、２人は吉本のマネージャーで、１人はシシガシラの脇田です。シシガシラは翌年、M-１のファイナリストになるので目のつけどころはよかったけど、**“ハゲつながり”**だけで呼んでそうやし、他の２人にしても、完全にやなっちょの後輩で急に集められただけのはず。吉本の番組だから仕方なく**“とりあえずやっとこうか感”**がハンパなかった。質疑応答でそれぞれに担当タレントがいて、うちのロケより担当タレントのスケジュールを優先する、ロケに行けない可能性があると回答。当然、「合格者なし」に決まってるやろ！

……でも、やなっちょが退社したあと、あらっちょが転職することになり、番組を離れる可能性もあったんです。でも、あらっちょは自分の意志で続けてくれている。それは本当に感謝ですね。

KOSUCCHO Dance

#17

DATE:
2022.09.05

三津家さんとのコラボ回で一歩も走らず……

STORY

“走るインフルエンサー”三津家《みつか》貴也《たかや》さんとのコラボ回です！　SNSのフォロワーはこの段階で36万人だったそうですが、この番組のSNSフォロワーは……、言いたくないけど1万人。さすがに少なすぎ？

ロケの段階では三津家さんのことをよく知らなかったんですが、あとからSNSを見て、本当にすごい人なのだと知りました。

このロケではいつにもましてボクはなかなか走ろうとしなかったんです。三津家さんが利用しているというパン屋さんで名物コロネを教えてもらい、とりあえず買いました。「走る前だから見るだけにしておきます」、「匂いをかぐだけです」と言いながら、結局、かじりついてしまった。この後もたびたび使う技になっていくので、この代々木上原は **"匂いをかぐだけです生誕の地"** になりました。

三津家さんもボクに付き合い、同じ技を使ってくれました。笑いがわかるいい人でしたね。多摩川クラブの人たちもそうですが、**本物のランナーはみんなやさしい！** いつもスタッフに腹を立てて、ギャアギャア言ってるボクなんかは本物のランナーじゃないんだと自覚しました。

走るエキスパートを呼んでおきながら、**ロケが始まってから1時間、一歩も走らなかったのだから、インフルエンサーとの名勝負回です**。三津家さんも「もうダメだあ」、「全然進まない」となげいていましたが、翌週放送の回では1.5キロ走って代々木公園に着いたんですよ。本当です。三津家さんが眩しすぎてこすっちょ走れなかったのかも。

KOSUCCHO Dance

#18

DATE:
2022.09.26

ただの街ロケ？ 下北沢で走るなんて迷惑になるでしょう！

STORY

第27回から始まったのが下北沢編です！ あらっちょは「そろそろ走りますか」と、何度か催促してたんだけど、こすっちょに走る気は、ほぼナシ……。リニューアルも虚しく、ただの街ロケのようになっていました。

KOSUCCHO DIARY

下北沢編の最初の回では、古着屋のかわいらしい女性店員さんとダンスをしたり、チーズがびよ～んと伸びるミョンランホットドッグを買って「伸ばしてみるだけ」と言いながら食べてしまったり……。自由奔放なこすっちょを見せてしまったかもしれません。

さらにハメをはずしてしまったのがこの回です。ひとが食べてたハンバーガーにかぶりついてヒーハーと叫んでしまったり、アイドル活動もしているというレジの女のコにからんだり……。あらっちょからは**「口説こうとしてないですか？」**と言われましたが、そんなわけないやろ！ ハートウォーミングコミュニケーションや！ この頃はまだコロナ禍だったのに、おねだりするようにマスクを取った顔も見せてもらいました。この技はその後も見せるようになったので、下北沢は**“マスクめくり**（ちなみにこのワザは昔からのファンには大不評です）**、生誕の地”**になっています。

別日に勝手に楽屋に入って来たあらっちょから「**ゴールデン進出**が決まりました」と伝えられました。どんな報告のしかたやねん！

何時からの放送になるのかは覚えてなかったんですけどね

◎ディレクター あらっちょ

KOSUCCHO Dance

KOSUCCHO DIARY

ゴールデン進出期

大脱線!?街歩き編

KOSUCCHO
dance

#19

DATE:
2022.10.10

ゴールデン初ロケは夏の終わりのバーベキュー

STORY

記念すべき“ゴールデン引っこし初回（この前回の第29回）”はまさかの車中スタート！ バーベキュー大会を開催するので、スーパーでお買い物をするためでした。そしていよいよ、日本最大級のフェイクビーチ「タチヒビーチ」へ!!

KOSUCCHO DIARY

　夕方のニュースでおなじみのスーパーに行って買い物をしてから立川のタチヒビーチに移ったんです。いつもテレビで見ている店長もいて、**「アキダイや！」**って感動しました。

「予算の１万円を超えた分は小杉さんが払ってください」と言われたり、「下北沢で買ったＴシャツ代もまだ返してもらってません」と確認されたり……。ケチくさい話で気分下がったけど、フェイクビーチに着いたとたん、「ここはカリフォルニアですか!?」とご機嫌なこすっちょ、東海岸ジョークも飛び出しました。

　このバーベキューは本当に楽しかったな！ スイカ割りのとき、なかなかスイカが割れなかったので、最後は、ぼく殺するようにスイカを殴りたおしたのもいい思い出です。

　あらっちょから「このバーベキュー、誰と来たかったですか？」と聞かれて、**「下北のアイドルのコ」**と答てしまい、「そこは家族とかじゃないんですか？」とマジ指摘されました。周りが若いコばかりで楽しそうやったから、こすっちょつられちゃったかな（笑）。

　最後には「今までごめんな。**これからはちゃんと走るから**」と感謝の言葉も口にしたんですよ。

KOSUCCHO
Dance

#20

DATE:
2022.10.18

こすっちょにとって このロケは仕事じゃないの

STORY

浅草編のスタート回です。街を散策したあと、仲見世を楽しみながら浅草寺へ！ その後の回ではかっぱ橋を目指して走ってもいます!! この頃のこすっちょは、会う人ごとに「太ったんちゃうか？」と言われるようになっていたんだとか。

KOSUCCHO DIARY

　ロケを始めてすぐに「仕事で浅草に来たことはあってもプライベートでは初めてです」と口にしてしまったんです。あらっちょから**「この番組もプライベートではないんで」**とたしなめられて、たしかにそうだったと反省しました。「最近走ってますか？」と聞かれて「この番組を始めて走る気がうせた」と、またまた素直すぎる発言。

　浅草寺に行く前にやったガチャガチャの戦利品が小杉家的にはヒットでしたね。ミニチュアのイクラごはん狙いで回したら、目玉焼き乗せごはんが当たったんです。いちばんいらんかったやつや！と思いましたが、**なぜかうちの子には好評だった**。電池で光るタイプのもので、電池がなくなるほど使い込みましたから。

　仲見世から浅草寺へと行ったのがこの次の第32回ですね。浅草寺でおみくじを引くと、出たのは凶……。「八方塞がり。通じる道がないことでしょう」と、さんざんな言われようで、もう一度、引こうかと思ったら、**「おみくじは引き直すものではないですよ」**と、スタッフにたしなめられました。今日1日たしなめられてばかりのオープンマインド無邪気こすっちょでした。

常香炉では、ひとのお香から出ている煙を頭にかけていたので、「ケムリどろぼうですよ」とたしなめられていました

◎ディレクター　あらっちょ

KOSUCCHO Dance

#21

DATE:
2022.11.22

吉祥寺にはカルチャーと女子がいっぱい！

STORY

人気の街、吉祥寺でロケを敢行！ 吉祥寺編がスタートした第35回では、「オリジナルTシャツを作ろう」と、こすっちょがお絵描きに挑戦!! その仕上がりを待ちながら街へと出たのがこの回です。

KOSUCCHO DIARY

韓国コスメの店では、美人店員さんにハンドクリームを塗ってもらったんです。指で手の甲にのせてもらったあと、**「広げてもらっていいですか」**とおねだりしたら、店員さんが「もちろん！」と言って塗ってくれてるのを見て、あらっちょは茫然としていました。とんだチェリーボーイです。

下北沢編あたりから、ボクが女性のほうにばかり行ってるという声が出てきましたけど、むらっちょが「かわいいコがいますよ」と言い、のぐっちょなんかはマスクを取った顔が見たいと目で訴えてきます。その結果ボクだけが女のコが大好きで、マスクをはがすのを楽しんでいるように見えてしまっていますがチームの方針ということです。完全に冤罪です。

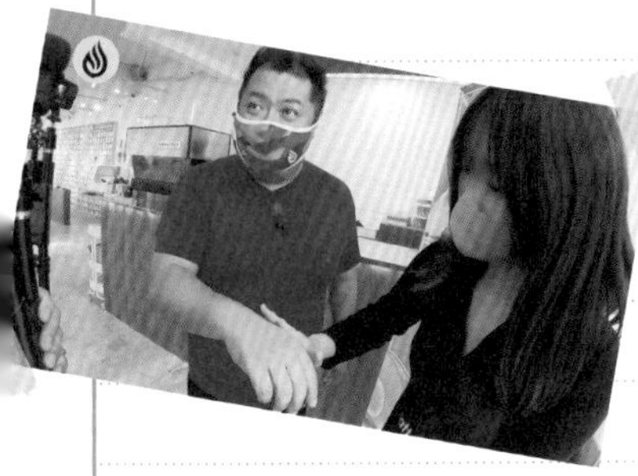

オリジナルTシャツはすごくいいのができたので、「10枚作って、視聴者プレゼントにしようか？」って提案しましたが、あらっちょの返事は**「偉い人がいないのでなんとも言えません」**という歯切れの悪いものでした。イラッとしてしまったのでもう一度韓国コスメの美人店員さんにハンドクリームを塗ってもらいたい気分でした。

KOSUCCHO Dance

#22

DATE:
2022.12.13

駅伝の名門、中央大学へ キャンパスは天国か地獄か

STORY

もはや恒例？ すでに違和感もなくなっている車中スタートだったこの前回に向かった先は、駅伝の名門でもある中央大学でした。「女子大生もいますから」と、あらっちょはこすっちょの機嫌を取っていたんだけど……。

KOSUCCHO DIARY

　大学に着いたあと、ロケ中なのを忘れて、陸上部女子マネージャーさんとベンチで座ってたんです。まったりおしゃべりしてたら、あらっちょに **「今は撮影中で、自由時間じゃないです」** とにらまれました。

ボクは高卒だから大学のキャンパスは新鮮で、気分にひたっていた面もありますが、この番組に本番中という緊張感が流れたことがなさすぎます。関西出身ということもあり、昔は中央大学のことを知らなかったんですけどね。以前のマネージャーが中央大学卒業と聞いて、**「それ、どこやねん」** と吉田と笑ってしまい、あとで中央大学の偏差値の高さを知り、2人でとても恥ずかしい思いをした黒歴史もあります。

　学食なんかに行った前半ロケはよかったんだけど、この回の「練習＆リレー対決」はきつかった……。準備運動にもついていけず、**「今日はこれぐらいにしといたるわ」** って池乃めだか師匠のギャグをお借りしてしまったくらいです。リレーのほうは、ハイパーメガトンハンデ（走る距離が大学チームの半分）をもらってしまい、まさかの勝利。番組的にはいちばんダメな結果でした。

ボクの足は肉離れになり、このあとのロケはガチガチにテーピングを巻いていました……

◎ディレクター　あらっちょ

KOSUCCHO
Dance

#23

DATE:
2022.12.20

まさかのイベント開催「劇場版」は大成功？

赤坂RED/THEATERで行ったのが『走れ！こすっちょ 劇場版』です!! まさかのイベント開催だったけど、こすっちょは何をやるかも聞かされていなかったみたい。それでもなんとかしてしまうのがこの番組です!?

STORY

　このときは、「ふだんの格好で来てください。**何するのかはまだ決まってません**」って言われてたんです。当日になってもどんなイベントにするかを決めてないって、あり得ない話です。

　スペシャルゲストとしてダイアン津田を呼んでいてくれたことだけは助かりましたね。どの芸人に聞いても、津田はやりやすい相手だと答えると思いますよ。**最低ながらも優秀なヤツ**ですから。

　コントのように津田とからんだあとは、ＶＴＲを使ったスタッフからの質問コーナーみたいなものがあり、その後、ベッキーから「いくらなんでもブレすぎです」ってコメントをいただきました。

　スタッフからの質問は最低でしたね。最初の質問は**「番組が立て替えているお金はいつ返してもらえますか」**というもので、下北で買ったＴシャツ代などのトータルとして1万4490円という金額を提示されたんです。次の質問は「若い女のコが好きすぎませんか？」というもので、極端な編集をされたＶＴＲが流されました。吉祥寺編でも書いたけど、これは悪意の編集のせいで、**冤罪**なんです!!

　イベント後にはあらっちょにこう言われたんです。「何も決めてなかったわりにはよかったですね」って。

　ほんまに行き当たりばったりやったんかい！

KOSUCCHO Dance

#24 【番外編】

DATE:
2022.12.20

あらためて歌詞を公開！『走れ！こすっちょの唄』

STORY

『走れ！こすっちょ 劇場版』では“歌ネタ”で知られるトニーフランクもゲストに呼んで、番組テーマソングを作ってもらったんです！ キーワードを集めて10分ほどで作った歌だけど、ここではその歌詞を特別公開!!

KOSUCCHO DIARY

♪

いい加減そうでも　男らしいオレだ

お金返さないし　女好きだけど

揺れるおなか　カワイイ

うすい頭　出てるおなか

そんなのまぼろし～

痩せたい　痩せない　生えない

津田　高校落ちてる

痩せたい　生えたい

そんなのまぼろし

走れ!こすっちょ

次は　どの街だ

映像はこちら

KOSUCCHO Dance

これをアドリブで作ってくれた
トニーフランクには感謝です!

◎ブラマヨ小杉 こすっちょ

#25

DATE:
2023.01.17

業界最速!? 高円寺から新年のご挨拶

STORY

2023年最初の放送は高円寺からお届けしました！ 空はすでに暗くなっていて、雨も降っていた中でのロケです。こすっちょはTシャツ1枚で、あまり新年らしくなかったけど……、スケジュールにも無理があったみたい!?

KOSUCCHO DIARY

「新年明けましておめでとうございます」

しかし、そのあとには「いや、2023年の話はできへんわ」と続けたんです。なにせ、このロケをやったのは2022年の10月中旬でしたから。長年こういう先撮りロケしてますけど、**これは最速**でした。クリスマスどころか、ハロウィンも終わってない時期なんですから。

放送順の都合で、中央大学→神保町ロケからの高円寺ロケなんです。最初の中央大学でのムチャのツケがまわって、下半身に力が入らない状態になっていました。企画としては「2023年一発目は高円寺を走るっちょ！」ってことにしたかったみたいですけど、**結果的には一発目は下半身ガクガクっちょです。**

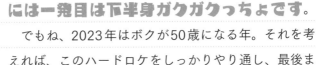

でもね、2023年はボクが50歳になる年。それを考えれば、このハードロケをしっかりやり通し、最後まで声も出ていた。「同世代の人間に比べてもスタミナがあるほうっちょ」だと言っても過言ではないかと思います。

なのに高円寺のアーケード街にあった「40歳からの髪質改善サロン」というのを見上げていたら、あらっちょから**「まだあきらめてないんですか」**と言われました。ガクガク下半身キックをお見舞いすればよかった。

KOSUCCHO
Dance

#26

DATE:
2023.02.07

神保町花月での災難と「男坂」の悲劇

STORY

この前回の第45回からは神保町ロケを展開！「本の街」、「純喫茶の街」、「カレーの街」としても知られる元学生街だけど、皇居が近いこともあって、“ランニングファンが集まる街”でもあるんです！

KOSUCCHO DIARY

神保町ロケは盛りだくさんでした。まず古本屋に行くと、**『ホットドッグ・プレス』のバックナンバー**がめっちゃ充実していてコーフンしました。「あのコと楽しむ夏作戦!!」みたいな特集が組まれることが多かったこの雑誌は、ボクら世代には恋愛バイブルでした。名店「エチオピア」で食べたビーフカリーもうまかった！　お弁当も食べていたのに、つい完食してしまったんです。**信じられないくらい腹いっぱい**になって、走れなくなりました。

このあとの第47回では神保町花月を訪問して**オダウエダ**たちとからんだら、ほとんど初めて会った芸人ばかりだったのになぜか夕飯をおごらされました。ランニング番組としてメインになるのはやっぱりこの第46回でしょうね。

ランニングクラブの低酸素ルームで走ったあと、73段の階段がある**「男坂」をダッシュ**したんです。思い出してください。これ、中央大学練習＆リレー対決ロケのあとなんですよ。そんなスケジュールを組んでしまうのが、“THE天然”のあらっちょです。自分もぶっ倒れてましたけど自分で組んだスケジュールなんだから自業自得です。

KOSUCCHO Dance

#27

DATE:
2023.02.28

あの『Tarzan』から取材依頼……!?

STORY

この回もまたまたロケ車の中から番組がスタート！ どこに向かっていたかといえば、雑誌『Tarzan』の取材現場でした。取材のテーマは「ランニング番組をやっていて、なぜ、やせないのか」というもの。『Tarzan』さん、本気？

KOSUCCHO DIARY

正直いえば、このときは**『Tarzan』の取材というのは嘘**やと思ってたんです。疑ってたというよりモニタリング的ロケだと決めつけていました。『Tarzan』がこの番組を取材するなんて考えにくかったうえに、取材が行われたのはスタジオとスタジオの隙間のエレベーター前のロビーみたいな場所。そこにテーブルが置かれていて、話を聞かれたんです。記者さんはほとんどメモも取ってなかったし、写真も薄暗い照明で撮られていました。隠しカメラを探していたんですが、ホントの取材だったんです。ちゃんと記事にもなりました。

集中力を欠く環境でした。すぐ隣にはあらっちょがいて、質問にボクより先に答えたりするんです。思わず、**「だれが答えてんねん!」**と声を荒らげてしまいました。スチール撮影になっても、カメラに映り込んできたんですから、境界線ブチ破り男です。

そんななかでもきっちりアスリートらしい誓いも立てました。**「ランニングの途中では揚げ物は控えるようにして、何かを食べることになっても完食はしないでおきます」**ってね!

『ランスマ』とコラボしたり『Tarzan』の記事になったり、キャリアだけは着々と積み上げてます

◎ブラマヨ小杉 こすっちょ

KOSUCCHO Dance

#28

DATE:
2023.03.14

中目黒ロケではオープニングからトラブル!?

STORY

『Tarzan』の取材を途中に挟むかたちで3回にわたって放送されたのが中目黒ロケでした。こすっちょも「わりとよく行く街」ということだったけど……、いろいろなトラブルや後日談があったみたい!?

KOSUCCHO DIARY

リアルに年が明けてからの最初のロケでした。オシャレADふくやっちょの実家が中目黒にあるらしく、謙虚のかけらもなく**「家はめちゃくちゃ金持ちです」**と言ってました。

このロケの終盤では、クラブのような暗い空間で音楽をかけながらバイクエクササイズをやる「フィールサイクル」を試してみたんです。めちゃくちゃ追い込まれました！ アッパー系のトレーニングで、これ一発で**ロケ6本分くらいの体力を消耗**したほどです。

しかもお店の都合で中目黒ロケ1発目がこの場所なんです。エネルギーゼロになったことを嘆くこともできない鬼スケジュールです。

さらにオープニングであらっちょが回していたメインカメラの映像が**撮れてなかった**らしいんです。撮影前にカメラが変な動きをしたから「大丈夫か」と確認したのにあらっちょは「オッケーっす、オッケーっす」と軽くあしらいました。そのことを伝えにきた楽屋の様子をスマホで撮って、それも放送してたんですがその時彼はずっと半笑いでした。サイコパスだと思います（笑）。

実はボンボンなんです。……中目黒のオープニングではカメラ3台のうち2台がダメでした

◎AD ふくやっちょ

KOSUCCHO Dance

#29

DATE:
2023.03.28

まさかのこすっちょフィーバーとまさかのご託宣!

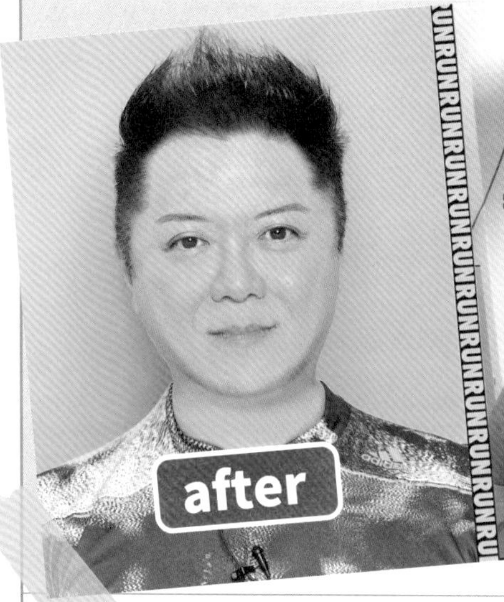

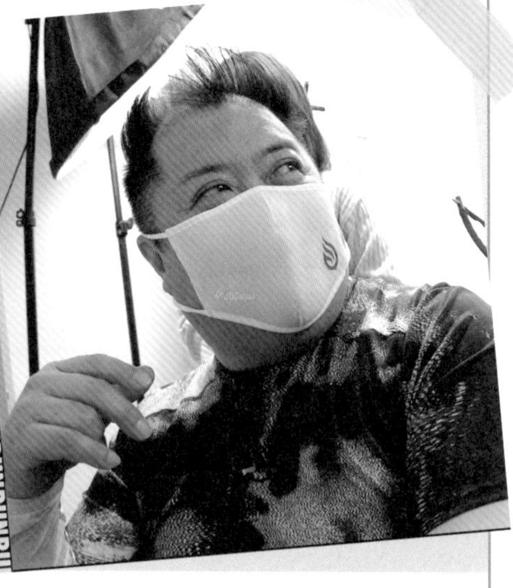

STORY

“コリアンタウン”とも呼ばれる新大久保ではこすっちょが女のコにモテモテ!? この前回の第52回では「韓国式証明写真が撮れる店」に行って、この回には「韓国伝統の霊感占い」で番組の今後を占ってもらったぞ!

KOSUCCHO DIARY

韓国式証明写真では**加工（修正）の力は偉大**だと知りました。写真の仕上がりを待っているあいだは美人店員さんとツーショット写真を撮影して大盛り上がりでした。

本当に最高なのは店を出てからでした。次から次へと新大久保女子に囲まれて最高レベルのこすっちょフィーバーが起きたんです。あらっちょもひがんだのか「さすがにそろそろ……」と止めようとしました。**「ぜんぜんハゲてない！」**と言ってくれる真眼を持つコもいたぐらいですからね。

韓国チーズハットグの店のネパール人店員は、ボクの名前がわからなかったらしく、スマホで検索しておきながら、なぜか**「アントニー?」**って言っていたのでスマホが壊れていると思います。

霊感占いは強烈でした。番組のことを占ってもらったはずなのに、「体が良くないネ。背中が悪い、腰が悪い、全部悪い！ **こんな体、誰がつくったのよ**。スタッフの話を聞いてはダメ!! アナタを仕事のために利用してるだけ。体を治したら仕事は30年くらい大丈夫よ」……イヤっこれもう健康診断やん！ でも言葉には魂がのっていたので刺さりました。

ボクのことは「知らない」って言ってたのに、撮影が終わると「一緒に写真撮ろう」と言ってくれてたのでその人のスマホは壊れてないと思いました。

KOSUCCHO
Dance

#30

DATE:
2023.04.04

サブカルの聖地で「なちぃ〜」連発！

STORY

新大久保から中野へと移動！ こすっちょは中野がどこにあるかも知らないようだったけど、中央線でいえば新宿の次の駅です。サブカルの聖地に潜入すると“こすっちょ新語”の「なちぃ〜」（「懐かしい」の意）を連発して大コーフン!!

KOSUCCHO DIARY

まず中野ブロードウェイの「まんだらけ」に行ったんですが、これはコーフンしました。昔、タレントショップのバイトで売っていたウッチャンナンチャンさんのグッズなんかもあって、**なちぃ〜**ってなりました。買いたいなちぃマンガがいっぱいあったなぁ〜。

中野編後半、商店街でボクがご機嫌にロケトークをしていたのに、はんこ屋さんを目にしたあらっちょが**「あ！ シャチハタ買わな」**ととても大きな声でひとり言をしゃべり出しました。おそらく彼は友達と商店街をぶらついていると思っているんじゃないでしょうか。だからといってあらっちょなんていなくていいというわけではなくて。いつも偉そうにしているのぐっちょも「あの役はボクではたぶんダメなんです」と言ってたくらいですから。

ただ、ボルダリングに挑戦して、ボクが**史上いちばん低いところから落下**したのにすごい大きな音がした時、あらっちょは「石が外れたのかと思った」と言ってました。そこはまずオレの心配やろ！

毎週、親が録画してるんで、ボルダリングでボクが小杉さんを見下して見えたとこはカットしました

◎ディレクター かねだっちょ

KOSUCCHO Dance

#31

Date:
2023.04.25

あの東放学園がこすっちょを招待!?

「ぜひ来てほしい」というお招きを受けて、エンタメ業界のプロを養成している東放学園を訪問! いろいろな学科を回って、どんな勉強やトレーニングをしているかを見てきたぞ!!

STORY

KOSUCCHO DIARY

学内に足を踏み入れるとすぐに走り寄ってきた女子学生２人が「おなか触っていいですか」って言ってきました。ボクはゆるキャラちゃうねん！(超絶上機嫌)。学校の先生にあらためて呼んでくれた理由を聞くと、**「呼んだらすぐ来ると思ったから」**。友達少ない同級生ちゃうねん！BSよしもとの人気ランニング番組なんですけど！

シンガーコースの人たちがレコーディングしているところに行ったのがこの回です。何か質問はないですかと聞いてみると、**「好きな食べ物は？」**とか「おすすめの店は？」とか……。シンガーとしての質問してこいよ！ B'zのカラオケを歌うライブをやってんねんぞ！

ここのスタジオでは、一時流行ったファーストテイク風にB'zの『ultra soul』の一発録りに挑戦させてもらいましたが､大マジで歌いました。会心のファーストテイクになったと思うんですが、あらっちょは複雑な顔で**「勢いはよかった」**と言ってました。そのコメントほんまに何もない時に言うやつやん！

ボクは「歌がうまそうな声」とよく言われますが、何十年も歌ってきて、4時間荒牧陽子さんにボイストレーニングをしてもらっても、ずっと78点しか取れないんです。歌に片思いシンガーなんです。

78点のB'zって聞きごたえZEROやん！

KOSUCCHO Dance

#32

DATE:
2023.05.09

あらっちょが恋愛相談!?気になるその内容は

STORY

TikTokでは、こすっちょがダンスを披露することが多いんだけど、「質問に答えるコーナー」も何度かUPしました。そして、この回の質問者はなんと、あらっちょ！ まさかの恋愛相談でした!!

KOSUCCHO DIARY

こんなに相談に乗りごたえのないのははじめてでした。

東京都在住あらっちょさんからの質問です。

「クリスマスに女のコをデートに誘ったら、**もうひとり来るならいいよって言われたんです**。これって脈はありますか？」

……あるか———！！！！

ラジオのお便りやったらこれビリビリに破られてますよ！

それにもかかわらず、うちの番組では、ロケで出会った女性たちに同じ質問をしているところを何度も放送してるんですよ。ここをこんなにも使っているということは、多少編集でカットされている部分はこの質問よりも見ごたえのない部分ということなんです。となるとカットしているのは雑音のみということになるんじゃないでしょうか？ ちなみにTikTokでは、ボクが「バレンタインデーの思い出」を語った回もあります。小学校のときのボクはモテモテで、「私とあのコとどっちを選ぶの？」と迫られたこともあったんです。恋愛相談で登場人物を増やすならこれぐらいHOTにいこうぜあらっちょ。そのときは男前にこう返しましたよ。

「おまえでええよ」って。

あるロケで小杉さんが美人広報さんに同じ話をして「脈ありますか?」と聞いてくれたときも「ないと思います」って返されました

◎ディレクター あらっちょ

KOSUCCHO DANCE

#33

DATE:
2023.05.09

もはや何でもあり!?
食欲と脱線が止まらない

STORY

人気の街、笹塚でのロケです。そのオープニングはほとんど人のいない土手で、笹塚感はゼロでした！ どうしてそんな場所を選んだのかといえば、こすっちょのファンから提供されたパンをゆっくり食べるためだったんです。それでいいの？

KOSUCCHO DIARY

空前絶後のオープニングでした。冷凍パンの詰め合わせをいただいたので、車にオーブンを積んできて、土手で焼いて食べたんです。そんなランニング番組はありませんよ！　パンを２個、完食しました。そしてあらっちょが言いました「じゃあ走りましょうか」走れるか――！!!!

笹塚ではビリヤード場で元日本チャンピオンの美人ハスラーと出会えました。マスクごしでも美人だったのでナインボールのブレイクショットのようにマスクを弾き飛ばそうと思ったんですが……（ビリヤードでたとえるんやめます）無理でした！

この次の回では、あらっちょとボウリング対決をすることになったんです。あらっちょがナショナルチーム入りを目指しているという若い男女を勝手に助っ人に呼んできたり、勝手にピザを頼んだり、ボクはボクで隣のレーンでやっていた人にむりやり代打を頼んだりと大騒動だったんですが、一番面白かったところは代打のおじさまのフォームが本場アメリカ人のようにダイナミックだったところでした。

KOSUCCHO
Dance

別のレーンで男女がコンパみたいなのをしてました。そっちに参加したかったです

◎ブラマヨ小杉 こすっちょ

KOSUCCHO DIARY

全国展開期

Run Forever

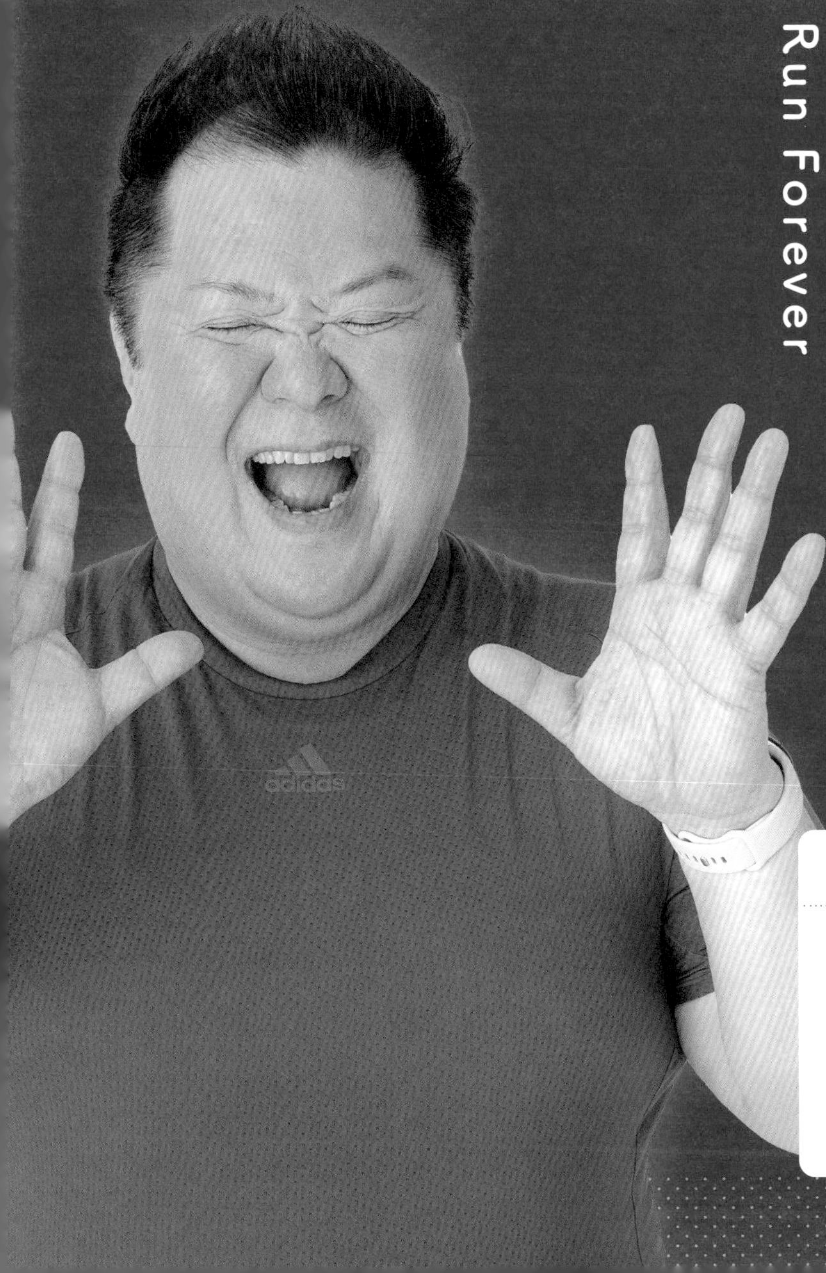

KOSUCCHO
Dance

#34

DATE:
2023.05.30

ついに大阪進出！この番組も全国区に!!

X（旧Twitter）@kosucchobaby
収録中に1万貸してくれた

STORY

オープニングの場所はまさかの「なんばグランド花月（NGK）」！ こすっちょも「なんと、大阪にやってきました！」と声をあげていたけど、テレビ大阪で放送されることもあっての大阪進出です!! このまま全国制覇？

KOSUCCHO DIARY

番組販売の方がすごくがんばってくれたからこそ実現した関西エリアでの放送開始であり、大阪ロケなんです。

ブラマヨは今でも毎月、ＮＧＫで漫才しているので、ＮＧＫを我が物顔で案内したかったんですが、いきなりNSC1期生のトミーズ雅さんに遭遇してしまいました。さっそく「マネージャーから**ギャラが出ないので関わらないでください**と言われてる」と厳しいお言葉。でも結果的には、昔のいい思い出話をしてくれたんです。さすが雅さん器も顔もでかい！

雅さんには本当にお世話になっていて、トミーズさんのラジオにゲストで出たことがきっかけでブラマヨのラジオが始まり、そこでのフリートークが原型となってM-1で優勝した漫才ができあがったので、本当に恩人なんです。そんないい話をあらっちょとのぐっちょが不真面目なへらへらとした顔で聞いていました。

楽しいロケのはずなのになにか違和感があったんです……。そして気づいたんです。上京先で出会った恥ずかしい友達と一緒にいるところを、実家がある地元のツレに見られてしまった感覚です。連れてくるんじゃなかった。

KOSUCCHO Dance

#35

DaTe:
2023.06.06

NSCに残されていた恥ずかしい過去

NSC13期生プロフィール

1. 名前 小杉竜一
2. 生年月日 昭和48年7月5日
5. 血液型 O
6. 身長 171.3 cm 体重 71.4 kg
B 100 cm W 80 cm H 88 cm 靴のサイズ 26.5 cm
7. 趣味・特技 趣味はスポーツ 高校時代ラグビー部に所属し、
新人戦ブロック3位 パワー勝負なら負けません。
特技 空手 極真空手1級 京都大会中学生の部準優勝
8. 現在コンビを組んでいる人はコンビ名とパートナーの名前を書いて下さい。

吉本総合芸能学院

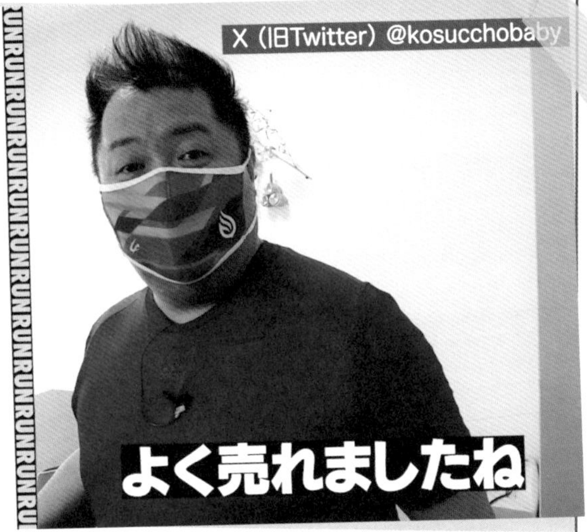

STORY

なんばグランド花月から今度はＮＳＣ吉本総合芸能学院へ！　こすっちょたちが学んだ頃とは別の場所に移っていたんだけど、ＮＳＣ時代のこすっちょをよく知る校長も登場したりして、昔話に花が咲きました!!

KOSUCCHO DIARY

大阪編はかなりノスタルジックなロケになりました。そして初心に帰ることもできました。昔、お世話になっていて、今はＮＳＣの校長になっていた上田さんが四半世紀以上前にボクが提出した入学願書を出してきたときは**そんなものがまだ残っているのか!?**とビックリしました。ああいうのはほんまに恥ずかしい。

そのあと、グリコの看板で有名なひっかけ橋（えびす橋）に行って、吉田が**現役最年長ナンパ師**になっていた頃の話なんかをしていたらものすごい数の人が集まってきてくれて、「ヒーハー」を連発!! ボクからもたくさんの凱旋ヒーハーをみんなにお見舞いすることができました。あの時ばかりはひっかけ橋ならぬヒーハー橋でした。

テンションも上がり道頓堀を走りましたよ。走っているうちにＢＳよしもとの番組審議会が行われたという話を思い出して、そのことを話したんですけどね。有識者の人たちはこの番組をベタぼめしてくれたそうです。「**批評するのが難しい**ほどいい番組」、「東京の地方創生にもなる番組」みたいな意見が出たんだと聞きました。これはプリントアウトして会社に貼っておいてほしいです。

小杉さんの願書にはスポーツ歴しか書いてなかった。あれでよく入学が許され、「よく売れたな」と思いました

◎ディレクター　あらっちょ

KOSUCCHO Dance

#36

DATE:
2023.06.20

メイドカフェ初体験！
そのとき何が起きたのか

STORY

“西の秋葉原”とも呼ばれる日本橋オタロードを散策！ 秋葉原との違いを聞かれたこすっちょは「秋葉原のことも日本橋のこともよく知りません……」と困っていたけど、行ってみると、やっぱり楽しい街でした！

KOSUCCHO DIARY

この番組にお金がないのは知ってましたよ。あらっちょとはいつも「代金どうする？」、「立て替えたお金はいつ返してくれるんですか？」みたいなやり取りをしてました。てっきりプロレス的なものだと思っていたんです。……でも、違いました。**想像以上にお金がなかったんです。**路上の喧嘩ばりにガチンコ金なしです。

オタロードではメイドカフェに行ったんですが、その会計が6900円。その後、オータケさんがあらっちょに対して**「なんでそんなにするんだ！」**って本気で怒っているのを見てしまったんです。夜中にトイレに起きたら、両親がお金のことでモメているのを見てしまったような嫌な感覚でした。

のぐっちょから1万円を借りて会計しましたが、忘れられない超リアル会計メイドカフェ体験となりました。この店に入る前に見かけた**「添い寝カフェ」**でもよかったと思いましたが、メイドさんにやってもらった**「お絵描き魔法」**がサイコーでした！　つぎは両腕にびっしり書いてもらいたいです。

このとき、かねだっちょは小杉さんにお金を貸すのを拒絶してましたけど、ボクは貸しました

◎演出 のぐっちょ

KOSUCCHO Dance

#37

DATE:
2023.07.04

そんなに話していいの？大阪時代の武勇伝

X（旧Twitter）@kosucchobaby
ここの公園でネタ合わせやってた

STORY

大阪編もいよいよクライマックスへ！ オタロード編を挟むかたちで、こすっちょが東京へ移る前に住んでいた黒門市場付近、そして24歳のこすっちょが初めてひとり暮らしをしたという玉出の街をランニング。思い出がいっぱい!!

KOSUCCHO DIARY

　黒門市場で特にノスタルジックだったのは、パートナーがまだ彼女だった頃、お母さんへのご挨拶を兼ねた初めての食事会に使ったステーキ屋さんです。いざ行ってみると外観はまったく変わっておらず、興奮して思い出を語っていると、開店前なのに奇跡的にマスターが出てきました。がっつり思い出話をぶつけてみると「小杉さん、うちに来たことありましたっけ？」と言われてしまいました。新喜劇なら「覚えてないんかーい！」と暗転になるところです。

　玉出編なんかは映像的には見るものが少なかったかもしれませんが、思い出を語り尽くした熱い回になりました。玉出では**吉田と同じマンション**に住んでいたんです。エレベーターがなく階段だったのでボクが５階、ネタを書いてくれている吉田は４階に住んでくれと言いました。吉田もありがとうと喜んでくれていましたが、こっそり大家さんと交渉して屋上の鍵を貸してもらい内緒でボクだけ屋上ライフを満喫していました。のちに笑い話で吉田にその話をしたら怒っていました。変なやつですね（笑）。

　吉田の話もけっこうしましたが、ボクのことでもずいぶん口をすべらせてしまいました。そしてまたここで文字にもしてしまいました。

KOSUCCHO
Dance

#38

DATE:
2023.07.11

桜子さんにメロメロ！ 珍コンビが揃って大暴走

STORY

リニューアル記念ということでご招待いただいた池袋のサンシャインシティ！ 案内してくれた広報担当が美人さんで、こすっちょは最初からデレデレだったけど……。まずは、よしもとアカデミーと、てんぼうパークに行きました!!

KOSUCCHO DIARY

うれしい!!

　サンシャインシティによしもとアカデミー（NSC）ができてたのを知らなかったので、そのことにまず驚きました。

　そして、なんといっても、広報の**桜子さん！**すごくいい人で、ついはしゃいでしまいました。途中で指輪に気づいて「結婚してます？」って確認しましたけど、デートモードに火がついていたので指輪なんて無視にかぎりますね。あとからあらっちょが「**既婚かどうか聞くのが遅いっすよ**。見ていて危なっかしかった」と言ってきましたけど、そんなタイミングまで言わなかったあらっちょも共犯者だと思います。というか、そういう部分までオンエアしてるあらっちょが主犯格だと思います。

急遽広報さんがいなくなった事ある?

　ハラスメントに気をつけるこの時代に、ここでは**“昭和中期のバラエティをやってます”**みたいに思われそうですが、この時代にこのノリもありという世界線のマルチバースだと思ってください。BS初のマルチバースランニングバラエティの誕生！

　放送的には次の回になりますが、桜子さんが何も言わずに突然、消えてしまったので、「帰ってしもたん？」とビックリしました。いま考えると、桜子さんはマルチバースを行き来することのできるスーパーパワーの持ち主かもしれません。

KOSUCCHO Dance

#39

DATE:
2023.08.08

こすっちょが大失言！その告白と謝罪

STORY

サンシャインシティめぐりの完結編！ この前回に広報の桜子さんも無事、戻ってきてくれていたので、最後は水族館を案内してもらいました。エサやりやアシカのトレーニングなんかにも、こすっちょがチャレンジしたぞ!!

KOSUCCHO DIARY

水族館を案内してもらっているとき、あらっちょは「暗くて撮れません」と笑いながら弟のように言ってましたけど、家族旅行ちゃうねんぞ！　暗いところでもきれいに撮るのが仕事やろ。

そのとき、桜子さんから**「お2人（ボクとあらっちょ）は仲良しですね」**と言われたので、ボクも兄貴のように笑っていたんですね。

アシカのトレーニングをやらせてもらえたのはよかった。倒立とかも全部成功できたので、充実感はハンパなかった！

心残りなのは……、そのアシカがこの水族館の最高齢だと聞き、「うち（吉本興業）でいえば未知やすえさんみたいなもんや」と言ってしまったことです。ほんまは「末成《すえなり》映《ゆ》薫《み》さん（湯婆婆みたいなヅラをつけているレジェンド）」って言いたかったんです。末成さんは70歳を超えてますけど、未知さんならこの時期はまだ50代でしたから、大失言！　未知さんには本当に失礼しました!!　ちなみにシルクさんは、誰でも10歳若く見えるというべっぴん塾をやっているのに本人は年齢非公表です。

この回では桜子さんと相合傘をしました。この番組は近年稀にみる“接触型バラエティ”なんです

◎ブラマヨ小杉 こすっちょ

KOSUCCHO DANCE

#40

DATE:
2023.08.15

夏のロケだからといって開放的になりすぎ!?

STORY

夏らしく湘南の江の島に遠征！ 現地集合にしましたが、そのためにトラブルも発生!? 浮かれすぎだったのか、全8回にわたる“長編湘南ストーリー”は予定どおりのスタートを切れないことに……。いったいナニがあったの？

KOSUCCHO DIARY

集合時間になってもあらっちょが来なかったんです。30分くらい待って、あらっちょ遅刻ネタオープニングを撮り始め、まさにいまからオチを言おうとしたところで、あらっちょが到着しました。理由を聞けば**前日に合コン**があって、飲みすぎたというんです。オープニングのオチの締まりは悪くなるし、遅刻の理由も不真面目やし、めちゃくちゃです……でもみんなずっと笑ってました。夏の湘南がボクたちを開放的にさせたんですね。

“元ヤン”のぐっちょにも驚かされました。湘南までの道が気持ちいいからといって自分のバイクで来たんですよ。芸歴30年で自慢のバイクで来た演出さんは初めて見ました。**見たことがないスタッフ**もいて、聞くと彼もバイク乗りたかったからついてきたとのことでした。「ツーリング楽しみたいからロケの移動がメインになってるやん！」。ロケ終了後、**「ちょっと流してから帰ります」**って消えていきました。とんでもない湘南爆ロケ族の誕生です。

この回ではボクのKAWASAKIもお見せしました。ボク自身はテレビに出るのが好きなほうじゃないんですけど

◎演出 のぐっちょ

KOSUCCHO Dance

#41

DATE:
2023.08.29

お金がないから江の島エスカーを使えず

STORY

湘南ロケの2回目ではお店めぐりなんかをしたんだけど、3回目となるこの回では、つら〜い階段をのぼって江島神社へ！ プロデューサーわたなべっちょの奥さんの安産祈願もしました。やっぱりこすっちょはスタッフ想い!?

KOSUCCHO DIARY

屋外エスカレーター（江の島エスカー）があるのに、撮影するにはお金がかかるということで階段をのぼることになったんです。ここであらっちょは**「やせて結婚できますように」**とお祈りしてました。……一緒に、やせような。

江の島のロケ中には『笑ってコラえて！』のロケ隊に会って、とにかく明るい安村から「小杉さん」って声をかけられたんです。『笑コラ』は、うちの番組とは放送時間がかぶるんですよ。裏かぶりはNGなので相手のスタッフに「放送時間がかぶってるんです、すいません」と言うと「こっちはぜんぜん大丈夫ですよ」と言われてしまいました。BSよしもとなんて気にする必要はないってことだったんでしょうね。実際に向こうの番組では、うちのロケと遭遇したところを**ガッチリ放送**してました。

ちなみにこちらは、もともとカメラを回していなかったんですが日テレという巨大組織を前にしてプルプルと震えて急遽カメラを回すことすらできなかったようです。撮影すれば放送できたのに……こちらは笑顔なしのひきつった顔でコラえただけです。

この次の回には江の島アイランドスパというレジャー施設に行って、**美人広報の梓ちゃん**に案内してもらっています。

サンシャインシティに続いてデート気分になりかけましたが……、この人も途中でいなくなってしまった。夏の恋ってこういうもんだよね。

KOSUCCHO
DANCE

#42

DATE:
2023.09.12

海の定番は、サーフィンとバーベキュー

STORY

1年前の夏に続いて、江の島でもバーベキュー大会を開催！ 今度はフェイクビーチではなく本当の海だったので、こすっちょはサーフィンにも挑戦しました！ はたして波には乗れたのでしょうか？

KOSUCCHO DIARY

「体がサーフボードの規定を超えている」と言われて、サーフボードより大きいサップが用意されたんですけど、板の上には乗れました。プライベートでサーフィンをやってるんですが（3年で2回）、アニキ（←当然、木村拓哉さん）といっしょで、決めるときは決める男です！「運動神経がいいですね」と言われますし。

バーベキューはやっぱり楽しかった！ このときはボクが焼きそばを作って、いつも言い争いばかりしてしまっているあらっちょに**「いつもありがとう」**ってふるまったんです。あらっちょに「今日は何が楽しかった？」と聞くと、自分はやってないのに「サーフィン」と答えたのは意外でした。**「同じ太っている人間としてワクワクしました」**と言うんです。そうなんです。照れ隠しでこんな言い方になっていますが、あらっちょはボクに憧れまくっているということです。

あらっちょからは「誰にいちばん感謝してますか？」と聞かれたので「視聴者です」とか「いつも文句ばっかり言ってごめんね、スタッフだよ」とか言えば素敵なんですが、しっかりと「岡本社長」と答えさせていただきました。不器用なボクでごめんね。視聴者のみんな愛してるよ。

女のコたちとドクターフィッシュのいる足湯に。思わず「延長!」と言いましたが、ダメでした

◎ブラマヨ小杉 こすっちょ

KOSUCCHO Dance

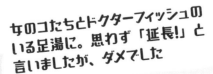

#43

DATE:
2023.09.26

テレビのロケなのにロケ車を廃止!?

STORY

江の島編をはさむかたちになったけど、サンシャインシティを見て回ったあとには池袋駅前に移動して、あらためて池袋の街を散策しています！　池袋にはいろんな顔があり、「ガチ中華の街」にもなっているんですよ。

KOSUCCHO DIARY

この日は「ロケ車廃止記念日」ですね。誰に話してもビックリされますが、**経費節約のためにロケ車を使うのをやめたんです**。初回ロケにどでかいロケ車がきていたのが嘘のようになりました。

このときロケ隊はサンシャインシティから池袋駅前まで徒歩移動しましたが、ボクには気をつかってくれて、タクシー移動をさせてくれたんです。だけど結局、みんなが来るのを**待つ必要**があるので人通りの多い交差点脇で、ボクとのぐっちょとあらっちょの3人で10分ほど立ち尽くすという時間が発生しました。早朝からロケだったので、またヒゲ剃りをしてたんです。道ゆく人から「ナニしてるんですか？」と聞かれることもありました。そらそうですよね。タレントが手ぶらで棒立ちで道端でヒゲ剃りしてるんですから。初回に超ロングなロケ車を使ってお金がなくなり、道端でひとりヒゲを剃る。寓話みたいな話になりましたね。

池袋で増えているという「オタ活女子」を探して、さらにメイドバーにも行ったら、会計が6500円……。オータケさんに「2000円貸してもらえませんか」と泣きついたら、ニートの息子に金を払う父親のような顔で出してくれました。

KOSUCCHO Dance

#44

Date:
2023.10.17

まさかの大阪遠征、再びディープな新世界へ

ビッグサプライズとして大阪ロケ第２弾が実現!! 今回は通天閣がそびえる新世界からロケをスタート！ 全10回の放送になりましたが、前回ロケにくらべても、大阪のディープな部分が覗ける内容になりました。

KOSUCCHO DIARY

新世界あたりはなじみがある街のつもりやったんですけど、ずいぶん変わってましたね。通天閣の展望台に行くのに行列ができたりしていて、観光地になった印象でした。でも、新世界は新世界でした。撮影してるときにカメラの前を平気で横切っていくおっちゃんがいたり、商店街にエロが強すぎるガチャガチャが並んでいたり……。500円のガチャガチャで**「女性のアレ」が入ってます**というのがあり、さすがのマルチバースランニングバラエティでも、開封にチャレンジすることはできませんでした。

この次の回で通天閣にのぼりましたが、すごいスライダーができていて、

楽しかったですね。そのあと、スマートボールをやってたら、射的場の**看板娘のリンちゃん**がやってきて、「射的はどうですか?」と言われてついて行ったら、スタッフに「簡単について行きすぎです」と言われてしまいました。違うんです。リンちゃんのあの目はこすっちょに恋していたと思います。客を呼び込みたいというより、こすっちょと一緒にいたいという目でした。

会計が済み、振り返ると、またオータケさんがニートダディの顔をしていました。

KOSUCCHO
Dance

#45

DATE:
2023.11.21

鶴橋コリアンタウンのディープな魅力

STORY

大阪・鶴橋のコリアンタウンへ移動して、濃厚な商店街と本格韓国料理を満喫! こすっちょは「この街の思い出はテレビでは話せない」と言ってたけど……、結局、いろいろ口を割っていました!

KOSUCCHO DIARY

鶴橋の商店街では、ブティックに注目してほしいというか、しないほうがいいというか……。今回、**「エキストラ・ハイパーオマージュ」**という表現を生み出しましたが、どこを映していいかという点では非常に悩まされます。地上波やったらロケそのものを敬遠するんでしょうけど、うちは**コンプライアンス**地区の一番はじっこの住人ですので。

街を歩いていたセレブな感じのおばさんも、着ている服を自慢げに見せたくれたかと思ったら、**「……やっぱりあかんわ」**って何かを隠してました。鶴橋あたりではセレブもコンプライアンス地区のはじっこの住人です。

「絶対取材ＮＧ」と店の前に書いてあった韓国料理店が超積極的にボクらを迎え入れてくれたのもさすがでした。この店では、初めてタコの踊り食いをやってみましたが、吸盤が舌に吸いついてくるんです。これまで知らなかった本場の味です。とにかく強烈でした。

鶴橋では結局、**「昔付き合ってたコが住んでた」**とか誰にも聞かれてないのに話してしまったんです。大阪ロケならではのデンジャラスな部分です。

鶴橋のコと付き合いながら浮気していたとき、相手のコからは「ケイン」と呼ばれていたとも話してました

◎ディレクター あらっちょ

KOSUCCHO DANCE

#46

DATE:
2024.01.09

マンガの聖地
トキワ荘のある街へ

STORY

2024年最初の放送は東京都豊島区の南長崎からお届けしました。そしてこの回から番組は、なんと19時からの放送に！“家族みんなで楽しめる時間帯”になったことで、番組はますますパワーアップ!! …………ホントに？

KOSUCCHO DIARY

「あけましておめでとうございます」と挨拶したあと、**「まだ11月やで！」**と続けましたけど、前の年は10月でしたからね。それにくらべれば常識に近づいてきた気はします。番組の成長です！

ただ、ファミリー向けの番組になるといっても、その気があるのかどうか……。まだ放送時間が変わる前の話になりますが、鶴橋編なんかはまったくそういう気持ちが感じられない内容になってましたから。ついつい口をすべらせた元カノの話なんかが余さず使われていたんです。10話したうちの2や3を使うならともかく、10使ってしまうのがこの番組なんですよ！うちの家庭でいえば、**とてもリビングでは見られない放送内容**になっていました。

ロケ車はやっぱり廃止のままで、池袋に続いて南長崎でも道端でヒゲを剃るハメにもなりました。

でも**豊島区立トキワ荘マンガミュージアム**に行ったので、その点はたしかにファミリー向けでしたね。当時のアパートが忠実に再現されていて、ワクワクが止まらなかった！

トキワ荘の階段をのぼったときはギシギシ音が止まらなかったですね

◎ディレクター　あらっちょ

KOSUCCHO Dance

#47

DATE:
2024.01.30

本当に入っていいんですか？“禁断の地”学習院大学へ

学習院大学をゆる〜くランニング!
X（旧Twitter）@kosucchobaby
光量足りてる?
走れ!

STORY

“良家の子女”が通うというイメージが強い学習院大学に潜入！ こすっちょも最初から「ヤバいやろ」とビビっていたけど、はたして一行は歓迎されたのでしょうか？ 番組史上屈指の“暗すぎるロケ”にもなりました!!

KOSUCCHO DIARY

アメフト部の学生が番組を呼んでくれたそうですが、学習院というと、敷居が高いイメージでした。おそるおそる学内へと足を踏み入れましたが、とにかく暗かった！　そもそもロケをするような時間帯ではなくなっていましたから。自然や歴史ある建物を残しているキャンパスが超怖い感じになっていて、**「ドラマだったら誰かが殺されて展開し始める感じやん」**とおびえたほどです。

学生ホールに入ってみると、歓喜にわくことはなく、みんな静かでした。やはり行儀がよく、しっかりしてますね（あらっちょが人気を心配したのでシメておきました）。女子学生に、「マスクを取ってもらっていいですか」と紳士的に頼んでみたら「ダメ」と言われました。こすっちょの紳士っぷりが舘ひろしさんみたいで緊張しちゃったかな？

アメフトくんからは「かわいい子ばかり狙ってませんか」というツッコミを受けましたが、そんなことはありません！　男女を問わずいいコばかりだったし、「みんなにいい学生生活を送ってもらいたい。未来ある日本であってほしいな」と思っていたんです。

この後、番組は名古屋進出もしてますが、これからも全国各地から**“明るいニッポン”**であることを伝えていきたいですね。

いつもではなくても、時には走りながら、ということで！

KOSUCCHO
Dance

My Favorite Running Songs

走るときに
聴きたいのはこの曲

プライベートで走っていたときは、イヤフォンをつけて、音楽を聴きながら走っていました。基本的にボクが聴く音楽はB'zだけなので、ランニングのBGMもやっぱりB'zが中心です。走るときは気分をアゲたいので、アッパー系の曲が多くなります。

ボクがランニングをすることになったのは、武井壮とやっていた『戦え！スポーツ内閣』という大阪の番組（毎日放送制作）でノリで大阪マラソンに出場させられたのが始まりでした。猛烈に反発したにもかかわらずチャレンジランの部（8.9キロ）に出ることになり、それで終わりかと思っていたら次にはフルマラソン出場というノリが始まったんです。

練習していくうちに走るのが好きになっていたのは本当で、この企画に真剣に取り組み始めた頃には、家族で沖縄に旅行すれば、ひとりで沖縄を走ったり、仕事で名古屋に行けば名古屋を走ったりするようになりました。

『スポーツ内閣』ではBGMとして**B'zの『RUN』**を使ってくれていたし、勝手にこの曲をボクのテーマソングにしていました。『RUN』は“オレたちもよくここまで来たな”というように振り返るか所があります。誰かと何かを頑張っているような人間が聴けばグッときます。吉田と頑張ってるのか、あらっちょと頑張っているのはともかく、ボクにはマッチしますね。これを聴きながら走っていて、あらっちょの顔が浮かんできたらかき消していました。

B'zでは、『ultra soul』や、『さまよえる蒼い弾丸』なども走っているときによく聴きました。

他に聴くとしたらWANDSやSURFACEなどですね。

高校時代はラグビーをやっていて、『スクール☆ウォーズ』が好きやったので麻倉未稀さんの『ヒーロー HOLDING OUT FOR A HERO』も懐かしんで聴くことがあります。

『スクール☆ウォーズ』は小学校のときに見ていて、高校のときは『スクール・ウォーズ2』が放送されていました。『2』は少年院が舞台のドラマになってましたけど、その主題歌が丸山みゆきさんの『FIRE』です。ボクからすればめっちゃノスタルジックな曲ですが、今の人はほとんど知らないでしょうね。ラグビーをやっていた人間でも、プレイリストにこの曲を入れているのはボクくらいじゃないでしょうか。

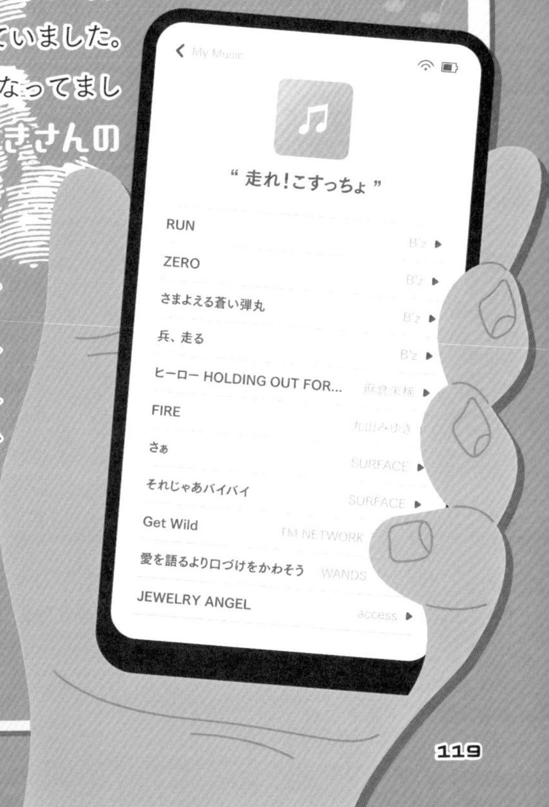

FILMING LOCATION

こすっちょ達が走ったロケ地

放送回	放送日	ロケ地	企画
第1回	2022年 3/21(月)	吉本東京本部	新番組報告
		隅田川	ランニングフォームを学ぶっちょ①
第2回	3/28(月)	隅田川	ランニングフォームを学ぶっちょ②
第3回	4/4(月)	スポーツデポ南砂町	ランニングシューズを買うっちょ①
第4回	4/11(月)	スポーツデポ南砂町	ランニングシューズを買うっちょ②
第5回	4/18(月)	白金台	思い出の地を走るっちょ①
第6回	4/25(月)	白金台	思い出の地を走るっちょ②
第7回	5/2(月)	六本木	思い出の地を走るっちょ③
第8回	5/9(月)	芝浦	NHK「ランスマ倶楽部」コラボっちょ
第9回	5/16(月)	お台場	水上バスに乗るっちょ
第10回	5/23(月)	雑色	知らない街を走るっちょ
第11回	5/30(月)	雑色	知らない街を走るっちょ
第12回	6/6(月)	亀有	ダイエットの神様にご挨拶するっちょ①
第13回	6/13(月)	亀有	ダイエットの神様にご挨拶するっちょ②
第14回	6/20(月)	本郷	やなっちょの地元を走るっちょ①
第15回	6/27(月)	本郷	やなっちょの地元を走るっちょ②
第16回	7/4(月)	新丸子	リニューアルっちょ
第17回	7/11(月)	新丸子	多摩川沿いを走るっちょ
第18回	7/18(月)	羽田	多摩川クラブと走るっちょ①
第19回	7/25(月)	羽田	多摩川クラブと走るっちょ②
第20回	8/1(月)	五反田	目黒川沿いを走るっちょ
第21回	8/8(月)	五反田	幻坂を走るっちょ
第22回	8/15(月)	祖師ヶ谷大蔵	仕事終わりで走るっちょ

放送回	放送日	ロケ地	企画
第23回	8/22(月)	新宿	やなっちょ退社なので走るっちょ
第24回	8/29(月)	新宿	やなっちょ後任オーディションをするっちょ
第25回	9/5(月)	代々木上原	三津家さんと走るっちょ①
第26回	9/12(月)	代々木上原	三津家さんと走るっちょ②
第27回	9/19(月)	下北沢	下北沢をブラりするっちょ①
第28回	9/26(月)	下北沢	下北沢をブラりするっちょ②
第29回	10/4(火)	立川	夏の思い出を語るっちょ①
第30回	10/10(月)	立川	夏の思い出を語るっちょ②
第31回	10/18(火)	浅草	かっぱ橋を目指して走るっちょ①
第32回	10/25(火)	浅草	かっぱ橋を目指して走るっちょ②
第33回	11/1(火)	浅草	かっぱ橋を目指して走るっちょ③
第34回	11/8(火)	浅草	かっぱ橋を目指して走るっちょ④
第35回	11/15(火)	吉祥寺	住みやすい街・吉祥寺を走るっちょ①
第36回	11/22(火)	吉祥寺	住みやすい街・吉祥寺を走るっちょ②
第37回	11/29(火)	吉祥寺	住みやすい街・吉祥寺を走るっちょ③
第38回	12/6(火)	中央大学	駅伝強豪・中央大学と一緒に走るっちょ①
第39回	12/13(火)	中央大学	駅伝強豪・中央大学と一緒に走るっちょ②
第40回	12/20(火)	劇場版	番組初イベントをするっちょ
第41回	12/27(火)	総集編	2022年を振り返るっちょ
第42回	1/10(火)	総集編	2023年1発目爆食を振り返るっちょ
第43回	1/17(火)	高円寺	高円寺を走るっちょ①
第44回	1/24(火)	高円寺	高円寺を走るっちょ②
第45回	1/31(火)	神保町	古本屋さんを巡りながら走るっちょ
第46回	2/7(火)	神保町	神保町の男坂を走るっちょ
第47回	2/14(火)	神保町	神保町完結編　神保町花月に行くっちょ
第48回	2/21(火)	中目黒	中目黒川を走るっちょ
第49回	2/28(火)	『Tarzan』編集部	『Tarzan』取材を受けるっちょ
第50回	3/7(火)	中目黒	中目黒をぶらつくっちょ

放送回	放送日	ロケ地	企画
第51回	3/14(火)	中目黒	中目黒最新エクササイズをするっちょ
第52回	3/21(火)	新大久保	新大久保で韓国式証明写真を撮るっちょ
第53回	3/28(火)	新大久保	新大久保で占うっちょ
第54回	4/4(火)	中野	中野サンモール商店街を走るっちょ
第55回	4/11(火)	中野	ボルダリングを体験するっちょ
第56回	4/18(火)	西新宿	エンタメ専門学校東放学園に潜入するっちょ①
第57回	4/25(火)	西新宿	エンタメ専門学校東放学園に潜入するっちょ②
第58回	5/2(火)	西新宿	エンタメ専門学校東放学園に潜入するっちょ③
第59回	5/9(火)	笹塚	笹塚でビリヤードを体験するっちょ
第60回	5/16(火)	笹塚	笹塚商店街を走るっちょ
第61回	5/23(火)	笹塚	笹塚ボウルでボウリング対決をするっちょ
第62回	5/30(火)	大阪	笑いの聖地　なんばグランド花月に潜入するっちょ
第63回	6/6(火)	大阪	凱旋ヒーハー　思い出の道頓堀で走るっちょ
第64回	6/13(火)	大阪	当時住んでいた黒門市場を走るっちょ
第65回	6/20(火)	大阪	日本橋でメイド喫茶を体験するっちょ
第66回	6/27(火)	大阪	相方と当時過ごした思い出の街玉出を走るっちょ
第67回	7/4(火)	大阪	ブラマヨ結成当初の秘蔵映像盛りだくさん玉出を走るっちょ
第68回	7/11(火)	池袋	NSC東京に潜入するっちょ
第69回	7/18(火)	池袋	サンシャインシティをぶらつくっちょ①
第70回	7/25(火)	池袋	サンシャインシティをぶらつくっちょ②
第71回	8/1(火)	池袋	サンシャインシティをぶらつくっちょ③
第72回	8/8(火)	池袋	サンシャイン水族館で癒されるっちょ
第73回	8/15(火)	江の島	江の島を走るっちょ①
第74回	8/22(火)	江の島	江の島を走るっちょ②
第75回	8/29(火)	江の島	番組ヒット祈願をするっちょ
第76回	9/5(火)	江の島	江の島天然温泉にいくっちょ
第77回	9/12(火)	江の島	江の島でサーフィンするっちょ
第78回	9/19(火)	江の島	江の島で番組を振り返りながらBBQをするっちょ

放送回	放送日	ロケ地	企画
第79回	9/26(火)	池袋	池袋でガチ中華を堪能するっちょ
第80回	10/3(火)	池袋	都内最大のチャイナタウン池袋を走るっちょ
第81回	10/10(火)	池袋	オタ活の聖地　池袋を体験するっちょ
第82回	10/17(火)	大阪	大阪ロケ第二弾　ディープな街新世界を走るっちょ
第83回	10/24(火)	大阪	通天閣にあがるっちょ
第84回	10/31(火)	大阪	通天閣のおひざ元　新世界を散策するっちょ①
第85回	11/7(火)	大阪	通天閣のおひざ元　新世界を散策するっちょ②
第86回	11/14(火)	大阪	新世界のディープスポットじゃんじゃん横丁を走るっちょ
第87回	11/21(火)	大阪	鶴橋でいろんな人に出会うっちょ①
第88回	11/28(火)	大阪	鶴橋でいろんな人に出会うっちょ②
第89回	12/5(火)	大阪	鶴橋でいろんな人に出会うっちょ③
第90回	12/12(火)	大阪	大阪凱旋振り返り＆未公開を放送するっちょ①
第91回	12/19(火)	大阪	大阪凱旋振り返り＆未公開を放送するっちょ②
第92回	12/26(火)	総集編	2023年振り返り総集編　愛ある説教するっちょSP
第93回	1/9(火)	南長崎	トキワ荘周辺を走るっちょ
第94回	1/16(火)	南長崎	南長崎を走るっちょ
第95回	1/23(火)	椎名町	椎名町を走るっちょ
第96回	1/30(火)	目白	学習院大学に潜入するっちょ①
第97回	2/6(火)	目白	学習院大学に潜入するっちょ②
第98回	2/13(火)	目白	学習院大学アメフト部に潜入するっちょ①
第99回	2/20(火)	目白	学習院大学アメフト部に潜入するっちょ②
第100回	2/27(火)	名古屋	祝放送100回目　名古屋駅前を走るっちょ
第101回	3/5(火)	名古屋	名古屋円頓寺商店街を走るっちょ
第102回	3/12(火)	名古屋	名古屋城の周りを走るっちょ
第103回	3/19(火)	名古屋	名古屋城を走るっちょ
第104回	3/26(火)	名古屋	名古屋の大須商店街を走るっちょ①
第105回	4/2(火)	名古屋	名古屋の大須商店街を走るっちょ②
第106回	4/9(火)	名古屋	名古屋の矢場とんに行くっちょ

あとがき

『走れ！こすっちょ』もスタートしてから２年以上が経ちました。

信じがたいことですね。

これまで何があったのか……。忘れかけていたことも多かったけど、あらためて思い返してみると、甦ってくるのは**忘れたままにしておくべきだったこと**ばかりでした。

でも、ボクにとっては50代を迎えるにあたっての“青春の記録”です。こういうメンバーと走ってきたというか、過ごしてきたことは、自分の人生にとっての大事な１ページになっている気はします。

いろいろショックな出来事が多かったけど、ロケ車がなくなったことはやっぱりいちばんの驚きでした。

30年近くこの業界でやってきて、ロケ車があるのが当たり前だと思っていたのに、突然、「ロケ車はやめました」と聞かされたんです。

なぜですか？ と聞くと、「いや、会社も近いから、**歩きで行けるかな**と思って」と返されました。

歩いて行けるか行けないかじゃなく、ロケ車ってむだな混乱を起こさずスムーズに移動するためのものですよね？　ガチの移動手段として考えている人がいることを知りました。

技術班のスタッフを入れずにロケ番組を作っているというのも珍しくて。

普通に考えればありえないことですが、これでやっていけたなら、今後はもう、なんでもできる。

　そういう意味では自分にとっての鍛錬の場になっている気もします。『ドラゴンボール』でいえば、重力が10倍の「**精神と時の部屋**」で過ごしているのにも近いことです。

　どんなときでもなんとかせなあかんということを学びながら、実際になんとかしていくしかないんですから。芸人としてのスキルアップにつながる気はします。他の番組とはまったく違う経験ができているので、ある意味、新鮮ではありますね。

　だからというわけではないですけど、どれだけグチを言っていても根本的にはイヤじゃない。心底、腹を立てているわけじゃないから文句を言えてる部分もあります。ぎゃあぎゃあとわめいている自分を楽しんでいるところもある気はします。……そんな話は、スタッフには聞かせたくないですけど。

　ただ、正直なところを話せば、**スタッフみんなの愛で成り立っている番組**だということは否定できません。

　だいたいあらっちょなんか、他の会社に転職していながら、有給を使ってこの番組のロケにきているというんですから異常です。

　異常なんやけど、感謝しなければならないのはわかってます。

　だから…………。

　言いたくないけど、

「**ありがとうな**」

　あらっちょだけでなく、スタッフみんなに「ありがとうな！」と言いたい。

ほんまはこんな番組を見続けてくれている視聴者の皆さんや、何を思ったのか番組を書籍化しようとしてくれた出版社や担当編集者に最初に礼を言うべきなんですが、まずはここでこっそりスタッフに礼を言っておくことにしました。メンバーはどうせ、この本を最後まで読んだりはしないでしょうから。

あらためまして、ここまで読んでくれた皆さん、

ありがとうございました!!

迷走しすぎと言われるこの番組がこれからどこに行くかは、ボクもスタッフも全員、わかっていません。

でも、そこそこウケてるからええやろ、というように現状維持を考えることはなく、今後も変わっていくことだけは間違いありません。ひとところにとどまっているボクやみんなではないので、放っておいても変わっていくはずだからです。

迷走を続けることがいいほうに出るのかどうかはわかりませんが、目的地を定めず、ボクたちは走り続けていきます。

『走れ！こすっちょ』は、これからもまっすぐ迷走していきます。

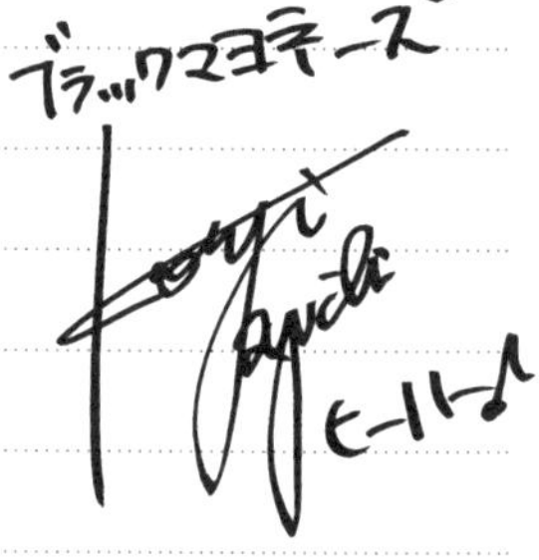

ブラックマヨネーズ　**小杉竜一**

CREDIT

番組スタッフ

プロデューサー	渡邉 哲也（吉本興業）／大嶽 泰
演出	野口 眞嗣
ディレクター	新居 隆真／村下 健生／金田 昌也
ナレーター	石井いづみ
構成	堀内 亮／藤澤 朋幸
ロゴデザイン	渡邉 彩薫
ビジュアルデザイン	中村 哲夫
音響効果・MA	嘉数 亜里沙
制作スタッフ	山名 唯斗
制作協力	BASE FOR GOOD LIFE
制作・著作	吉本興業株式会社

書籍スタッフ

装幀・デザイン	長谷川 仁
写真	後藤 利江
構成	内池 久貴
編集	廣瀬 暁春（KADOKAWA）
企画協力	新居 隆真
出版協力	太田 青里（吉本興業）

PROFILE

小杉 竜一（こすぎ りゅういち）

1973年、京都府生まれ。お笑い芸人、ランナー。1997年、吉田敬とお笑いコンビ「ブラックマヨネーズ」を結成。2005年にM-1グランプリで優勝。TBS系『モニタリング』、フジテレビ系『ぽかぽか』にレギュラー出演している。2019年には大阪マラソンを完走。『ブラマヨ小杉の「走れ！こすっちょ」』はBSよしもとの看板番組となり、各地域でも放送中。なぜか番組開始当初より体重は増えている。

COLOPHON

ゆる〜く走《はし》ってゆる〜く痩《や》せる！

ブラマヨ小《こ》杉《すぎ》の走《はし》れ！こすっちょ

2024年6月27日　初版発行

著者／小《こ》杉《すぎ》 竜一《りゅういち》
発行者／山下直久
発行／株式会社KADOKAWA
〒102-8177　東京都千代田区富士見2-13-3
電話　0570-002-301（ナビダイヤル）
印刷・製本／図書印刷株式会社

●お問い合わせ
https://www.kadokawa.co.jp/（「お問い合わせ」へお進みください）
※内容によっては、お答えできない場合があります。
※サポートは日本国内のみとさせていただきます。
※Japanese text only

定価はカバーに表示してあります。

ISBN 978-4-04-114958-4　C0095